高等职业教育园林类专业系列教材

3ds Max/VRay
园林效果图制作 第3版

3ds Max/V Ray Yuanlin Xiaoguotu Zhizuo

主　编　　杨云霄　　赵茂锦
副主编　　李　娟　　周罗军　　杨易昆
主　审　　尚　震

重庆大学出版社

U0322209

内容提要

本书是高等职业教育园林类专业系列教材之一,内容包括 3ds Max 基础知识操作技能、创建模型的操作技能、表现材质的操作技能、创建摄影机和灯光的操作技能和制作园林设计效果图项目实战五大部分,共计 5 个项目、21 个任务、140 个子任务组成。每个任务后面均有相应的实训练习。全书命令均为中英文对照,中英文版软件均可操作。本书从园林景观效果图表现的实际需求出发,以园林景观效果图制作的流程为主线,理论知识贯穿其中,在编写体例上具有"任务引领型""案例型""项目实训型"等特点,目的是让学生在学中练、练中学,熟练掌握上述 3 个软件的操作方法,迅速提高岗位技能。本书配有教学资源和电子教案,可扫描前言后的二维码,进入重庆大学出版社教学资源网下载,供教师教学参考。

本书内容新颖、适用面广、突出应用,适用于高职高专园林技术、园林工程、园林景观设计、环境艺术设计及相关专业教学,还可用于园林和古典建筑效果图方面专业人士或从事园林及古典建筑效果图制作的读者自学参考,并可作为各类培训班的培训教材。

图书在版编目(CIP)数据

3ds Max/VRay 园林效果图制作/杨云霄,赵茂锦主编. -- 3 版. -- 重庆:重庆大学出版社,2021.1
高等职业教育园林类专业系列教材
ISBN 978-7-5689-0984-6

Ⅰ. ①3⋯ Ⅱ. ①杨⋯ ②赵⋯ Ⅲ. ①园林设计—计算机辅助设计—应用软件—高等职业教育—教材 Ⅳ.
①TU986.2-39

中国版本图书馆 CIP 数据核字(2021)第 019540 号

3ds Max/VRay 园林效果图制作(第 3 版)
主 编 杨云霄 赵茂锦
策划编辑:何 明 杨 漫
责任编辑:杨 漫 版式设计:莫 西 杨 漫
责任校对:邹 忌 责任印制:赵 晟

*
重庆大学出版社出版发行
出版人:饶帮华
社址:重庆市沙坪坝区大学城西路 21 号
邮编:401331
电话:(023)88617190 88617185(中小学)
传真:(023)88617186 88617166
网址:http://www.cqup.com.cn
邮箱:fxk@cqup.com.cn(营销中心)
全国新华书店经销
重庆长虹印务有限公司印刷

*
开本:787mm×1092mm 1/16 印张:18.75 字数:470 千
2013 年 9 月第 1 版 2021 年 2 月第 3 版 2021 年 2 月第 4 次印刷
印数:5 001—8 000
ISBN 978-7-5689-0984-6 定价:69.00 元

编委会名单

主　任　江世宏

副主任　刘福智

编　委（以姓氏笔画为序）

卫　东　　方大凤　　王友国　　王　强　　宁妍妍

邓建平　　代彦满　　刘卫斌　　刘志然　　刘　骏

刘　磊　　朱明德　　庄夏珍　　宋　丹　　吴业东

余　俊　　汤　勤　　陈力洲　　陈大军　　陈世昌

陈　宇　　张建林　　张树宝　　李　军　　李　璟

李淑芹　　陆柏松　　字随文　　肖雍琴　　杨云霄

林墨飞　　段明革　　杨易昆　　周初梅　　祝建华

赵静夫　　赵九洲　　段晓鹃　　贾东坡　　唐　建

唐祥宁　　徐德秀　　郭淑英　　高玉艳　　陶良如

黄红艳　　黄　晖　　彭江林　　董　斌　　鲁朝辉

曾端香　　廖伟平　　谭明权　　澹台思鑫

编写人员名单

主　编　杨云霄　黑龙江生物科技职业学院

　　　　　赵茂锦　苏州农业职业技术学院

副主编　李　娟　重庆工贸职业技术学院

　　　　　周罗军　广东科贸职业学院

　　　　　杨易昆　重庆三峡职业学院

参　编　鲁子祺　苏州农业职业技术学院

　　　　　黄丽纯　黑龙江生物科技职业学院

　　　　　丁丽英　黑龙江生物科技职业学院

主　审　尚　震　哈尔滨商业大学

总　序

改革开放以来,随着我国经济、社会的迅猛发展,对技能型人才特别是高技能人才的需求在不断增加,促使我国高等教育的结构发生重大变化。据2004年统计数据显示,全国共有高校2 236所,在校生人数已经超过2 000万,其中高等职业院校1 047所,其数目已远远超过普通本科院校的684所;2004年全国招生人数为447.34万,其中高等职业院校招生237.43万,占全国高校招生人数的53%左右。可见,高等职业教育已占据了我国高等教育的"半壁江山"。近年来,高等职业教育逐渐成为社会关注的热点,特别是其人才培养目标。高等职业教育培养生产、建设、管理、服务第一线的高素质应用型技能人才和管理人才,强调以核心职业技能培养为中心,与普通高校的培养目标明显不同,这就要求高等职业教育要在教学内容和教学方法上进行大胆的探索和改革,在此基础上编写出版适合我国高等职业教育培养目标的系列配套教材已成为当务之急。

随着城市建设的发展,人们越来越重视环境,特别是环境的美化,园林建设已成为城市美化的一个重要组成部分。园林不仅在城市的景观方面发挥着重要作用,而且在生态和休闲方面也发挥着重要作用。城市园林的建设越来越受到人们重视,许多城市提出了要建设国际花园城市和生态园林城市的目标,加强了新城区的园林规划和老城区的绿地改造,促进了园林行业的蓬勃发展。与此相应,社会对园林类专业人才的需求也日益增加,特别是那些既懂得园林规划设计,又懂得园林工程施工,还能进行绿地养护的高技能人才成为园林行业的紧俏人才。为了满足各地城市建设发展对园林高技能人才的需求,全国1 000多所高等职业院校中有相当一部分院校增设了园林类专业,其招生规模得到不断扩大,与园林行业的发展遥相呼应。但与此不相适应的是适合高等职业教育特色的园林类教材建设速度相对缓慢,与高职园林教育的迅速发展形成明显反差。因此,编写出版高等职业教育园林类专业系列教材显得极为迫切和必要。

通过对部分高等职业院校教学和教材的使用情况的了解,我们发现目前众多高等职业院校的园林类教材短缺,有些院校直接使用普通本科院校的教材,既不能满足高等职业教育培养目标的要求,也不能体现高等职业教育的特点。目前,高等职业教育园林类专业使用的教材较少,且就园林类专业而言,也只涉及部分课程,未能形成系列教材。重庆大学出版社在广泛调研的基础上,提出了出版一套高等职业教育园林类专业系列教材的计划,并得到了全国20多所高等职业院校的积极响应,60多位园林专业的教师和行业代表出席了由重庆大学出版社组织的高等职业教育园林类专业教材编写研讨会。会议上代表们充分认识到出版高等职业教育园林类专业系列教材的必要性和迫切性,并对该套教材的定位、特色、编写思路和编写大纲进行了认真、深入的研讨,最后决定首批启动《园林植物》《园林植物栽培养护》《园林植物病虫害防治》《园林规划设计》《园林工程》等20本教材的编写,分春、秋两季完成该套教材的出版工作。主编、副主编和参加编写的作者,是全国有关高等职业院校具有该门课程丰富教学经验的专家和一线教师,且他们大多为"双师型"教师。

本套教材的编写是根据教育部对高等职业教育教材建设的要求,紧紧围绕以职业能力培养为核心设计的,包含了园林行业的基本技能、专业技能和综合技术应用能力三大能力模块所需要的各门课程。基本技能主要以专业基础课程作为支撑,包括8门课程,可作为园林类专业必修的专业基础公共平台课程;专业技能主要以专业课程作为支撑,包括12门课程,各校可根据各自的培养方向和重点打包选用;综合技术应用能力主要以综合实训作为支撑,其中综合实训教材将作为本套教材的第二批启动编写。

本套教材的特点是教材内容紧密结合生产实际,理论基础重点突出实际技能所需要的内容,并与实训项目密切配合,同时也注重对当今发展迅速的先进技术的介绍和训练,具有较强的实用性、技术性和可操作性三大特点,具有明显的高职特色,可供培养园林规划设计、园林工程施工与管理、园林植物生产与养护、园林植物应用以及园林企业经营管理等高级应用型人才的高等职业院校的园林技术、园林工程技术、观赏园艺等园林类相关专业和专业方向的学生使用。

本套教材课程设置齐全、实训配套,并配有电子教案,十分适合目前高等职业教育"弹性教学"的要求,方便各院校及时根据园林行业发展动向和企业的需求调整培养方向,并根据岗位核心能力的需要灵活构建课程体系和选用教材。

本套教材是根据园林行业不同岗位的核心能力设计的,能够满足高职学生根据自己的专业方向参加相关岗位资格证书考试的要求,如花卉工、绿化工、园林工程施工员、园林工程预算员、插花员等,也可作为这些工种的培训教材。

高等职业教育方兴未艾。作为与普通高等教育不同类型的高等职业教育,培养目标已基本明确,我们在人才培养模式、教学内容和课程体系、教学方法与手段等诸多方面还要不断进行探索和改革,本套教材也将会随着高等职业教育教学改革的深入不断进行修订和完善。

编委会

2006 年 1 月

前 言

　　园林景观设计是一个专业性较强的领域,园林效果图制作对于传达设计师的设计理念具有非常重要的意义。园林景观设计离不开园林景观效果图表现,园林景观效果图表现的主要任务就是将抽象、枯燥的设计符号转化为形象、生动的视觉影像。

　　随着计算机硬件技术的飞速发展和计算机辅助设计软件功能的不断完善,计算机以其精度准、效率高,设计资料交流、储存、修改方便,效果精美、逼真、可实现网络协同工作等强大的优势,成为园林景观表现的主要形式,因此"3ds Max/VRay 效果图制作"成为园林及相关专业重要的必修课程。

　　本书编写组成员均为高职高专院校一线教师,针对职业院校学生的学习特点,在本书的编写上采用了"项目驱动式"体例,从简单实例出发,图文并茂,以提高学生兴趣和求知欲为目的,使学生通过本课程的学习,掌握园林效果图绘图软件的使用,逐步达到能够独立运用园林设计的基本理论、基本知识、基本技能,借助计算机表达自己的设计意图,并能激发学生对园林学的自学欲望,获得独立分析、设计构思、综合运用各种园林效果表现的能力。本书既融合了 3ds Max 和 VRay 渲染器的新功能,又使读者接触到更多园林、古建筑等方面的知识。

　　全书分为 3ds Max 基础知识操作技能、创建模型的操作技能、表现材质的操作技能、创建摄影机和灯光的操作技能以及制作园林设计效果图项目实战五大部分,共计 5 个项目、21个任务、140 个子任务。本书详细介绍了 3ds Max 和 VRay 软件的实际操作技能,通篇所有命令均采用中英文对照的方式编写,不仅可以帮助读者在使用中文版软件时方便操作,而且使用英文版软件也会尽快上手;教材突出操作技能,将软件技术和园林设计有机结合在一起,以培养能力为目的,以必需、够用为度,对于软件只取其对制作园林效果图有用的部分。通过实例的制作,让学生在较短时间内了解和掌握园林效果图的制作流程。为了加强学生实际能力的培养,方便读者创作和自学,每个任务的后面均设计了实训练习,同时还配有配套光盘,光盘中收录了书中所有实例造型线架、光域网文件、CAD 设计图、贴图和背景素材图片等,以方便读者的学习和操作。

　　本书由杨云霄、赵茂锦担任主编;赵茂锦编写任务 14、任务 15、任务 16;李娟编写任务 1、任务 2、任务 3、任务 4 和任务 5;鲁子祺编写任务 17 和任务 18;黄丽纯、杨易昆编写任务 19、任务 20 和任务 21;周罗军、杨易昆编写任务 12 和任务 13;杨云霄、周罗军编写任务 6、任

7,杨云霄编写任务8、任务9、任务10和任务11。全书由杨云霄统稿,尚震主审。

本书适用于高职高专园林技术、园林工程、园林景观设计、环境艺术设计及相关专业教学,还可用于园林和古典建筑效果图方面专业人士或从事园林及古典建筑效果图制作的读者自学参考,并可作为各类培训班的培训教材。

由于编者水平有限,不当之处在所难免,敬请广大读者批评指正。

编　者

2020 年 12 月

目　录

园林效果图电脑制作概述

1. 制作园林效果图的要领

电脑表现是园林效果图表现的一个重要手段,是艺术与技术的结合,正确掌握作图思路至关重要。针对制作园林效果图的特点,不可能面面俱到地平均对待所有问题,但又不能因为时间有限而粗制滥造地对付一个方案。因此要既快又好地拿出一幅电脑园林效果图就必须注意以下几点。

(1)熟悉操作软件 如果想在很短的时间里制作出一幅园林效果图,必须熟练操作所需要掌握的电脑软件:3ds Max、VRay 和 Photoshop 等,至于 AutoCAD,只要了解一些简单的操作即可。虽然需要掌握的软件比较多,但是实际制作中真正需要的命令并不是很多,所以用不到的命令可以先不用去研究。

(2)快速看懂设计图纸 快速看懂建筑图纸是快速制作园林效果图的一个重要环节,虽然制作效果图对看图纸要求不是很高,但是一般的平面、立面图纸必须要看懂、理解,然后在3ds Max 中按照对应的位置进行建模。在作图过程中,如遇到不明白的地方要及时与建筑设计师沟通,从而更好地表现设计意图。

(3)整理好作图所需要的资料 制作园林效果图一定要准备好资料,包括园林建筑模型库、材质库、贴图、后期资料及后期模板,然后将整理的资料放好位置。这些资料的用途如下:

◇ 模型库:三维模型资料库,是用 3ds Max 制作建筑构件、园林小品等可以直接调用的线架对象。

◇ 材质库:就是将常用的材质建立一个"材质库",建立完成模型后就可以直接将材质库调出,快速赋给模型,提高作图速度。

◇ 贴图:调制材质过程中所需的图片。

◇ 后期资料:Photoshop 进行后期处理过程中用到的文件。

◇ 后期模板:没有合并图层的各种场景的 PSD 文件,将 3D 渲染的文件直接拖拽到后期模板场景中,调整后即可完成一幅园林效果图的处理。

2. 制作园林效果图需要掌握的软件

制作一幅完美的园林效果图,是将园林建筑艺术与 AutoCAD、3ds Max、VRay 渲染插件和 Photoshop 等计算机软件技术的完美结合,所以软件基础、使用技术和使用技巧是必须掌握的内容,只有这样才能快速表现所需要的设计效果。

(1)AutoCAD　　AutoCAD 是一款大众化的图形设计软件,其中"Auto"是英语 Automation 单词的词头,意思是"自动化";CAD 是英语 Computer-Aided-Design 的缩写,意思是"计算机辅助设计";而通常软件名称后面的年号则表示 AutoCAD 软件的版本号,如"2011"表示软件最新版更新的时间为 2011 年。

当将 AutoCAD 成功安装到计算机上以后,系统会自动在桌面上创建一个 AutoCAD 的快捷图标█,同时在 Windows 任务栏【开始】/【程序】子菜单下添加 AutoCAD 的菜单项。可以通过双击桌面上的快捷方式图标█,或单击桌面上的 █开始 按钮,在弹出的菜单栏中选择【程序】/【Autodesk】/【AutoCAD】中的启动程序项,即可启动 AutoCAD,进入工作界面。

(2)3ds Max　　3ds Max 是近年来销量最大的虚拟现实技术的应用软件,它集三维建模、材质制作、灯光设定、摄像机设置、动画设定及渲染输出于一身,提供了三维动画及静态效果图全面完整的解决方案,因此成为当今各行各业使用较为广泛的三维制作软件。在 3ds Max 软件中使用 VRay 渲染器进行渲染,制作者还可随意地发挥想象力,创造、制作出照片级的效果图。

熟悉并掌握 3ds Max 软件的界面及基本命令是制作效果图的一个重要前提,当将 3ds Max 成功安装到计算机上以后,系统会自动在桌面上创建一个 3ds Max 的快捷图标█,同时在 Windows 任务栏【开始】/【程序】子菜单下添加 3ds Max 的菜单项。可以通过双击桌面上的快捷方式图标█,或单击桌面上的 █开始 按钮,在弹出的菜单栏中选择【程序】/【Autodesk】/【3ds Max】中的启动程序项,即可启动 3ds Max,进入工作界面。

(3)V-Ray　　V-Ray 是由专业的渲染器开发公司 CHAOSGROUP 开发的渲染软件,是目前业界最受欢迎的渲染引擎,在中国目前仅由曼恒蔚图公司唯一授权推广。

V-Ray 渲染器提供了一种特殊的材质——VrayMtl。在场景中使用该材质能够获得更加准确的物理照明(光能分布)、更快的渲染,反射和折射参数调节更方便。使用 VrayMtl,可以应用不同的纹理贴图,控制其反射和折射,增加凹凸贴图和置换贴图,强制直接全局照明计算,选择用于材质的 BRDF(Bidirectional Reflectance Distribution Function,即双向反射分布函数)。

(4)Photoshop　　Photoshop 是园林效果图后期处理的主要工具。随着功能的不断增强,该软件已成为当今最为流行的二维图像处理软件。在效果图后期处理过程中,Photoshop 主要用于完成颜色校正、环境构建、提高效果图的品质等。所以任何园林效果图在经 3ds Max 等三维软件渲染输出之后,都必须经过 Photoshop 平面处理软件后期处理,添加树木、园林小品、人物、汽车、天空、绿化、辅助建筑等配景,将整个画面进行色彩和色调上的调整,得到一个逼真的场景,最后打印输出为最终效果。

Photoshop 成功安装到计算机上后,系统会自动在桌面上创建一个 Photoshop 的快捷图标█,同时在 Windows 任务栏【开始】/【程序】子菜单下添加 Photoshop 的菜单项。可以通过双击桌面上的快捷方式图标█,或单击桌面上的 █开始 按钮,在弹出的菜单栏中选择【程序】/【Abobe Photoshop】/【Abobe Photoshop】,即可启动 Photoshop,进入工作界面。

3.园林效果图的制作流程

在使用计算机软件制作效果图的过程中,计算机软件仅仅起到一个工具的作用,如何使用这个工具进行创作、表达自己的艺术概念,完全取决于创建者自身,因此,制作效果图没有一个固定的先后步骤。但是,基于软件自身的特点,在使用软件制作效果图时,也有一个较为科学的流程。这个流程包括建模、赋予材质、设置灯光、设置相机、渲染输出及后期处理。

  ◇ 建模:也就是制作每一个园林构件的模块,是效果图的基础部分,为后期工作打下良好的基础。

  ◇ 制作材质:调整模块形态并赋予材质,每一部分园林构件造型制作完成之后,均应根据图纸设计的外部效果调制其材质并赋给建筑构件。

  ◇ 设置相机:为了使效果图有较强的感染力,往往需要在场景中添加一个或多个相机,以观察效果图的不同视角形态,场景中相机的设置要充分考虑到构图的形态,呈现出较强的层次感和立体透视感。

  ◇ 设置灯光:3ds Max 中的灯光设置非常接近摄影中的灯光布置,通常分为主体光、辅助光和背景光。

  ◇ 渲染输出:在 3ds Max 中,效果图场景设置全部完成后,就可以进行渲染输出,输出的图片大小根据效果图的打印尺寸而定。

  ◇ 后期处理:在 3ds Max 中,渲染完成的效果图只是一个"粗坯",因为三维软件在处理环境氛围和制作真实配景时显得有些力不从心,用 Photoshop 等软件可以很好地完成此类任务,只需要将配景图片与最终输出场景图片相融合即可,如人物、植物等都可以直接用 Photoshop 等软件添加。

项目 1 3ds Max基础知识操作技能

本项目是 3ds Max 的基础操作技能,认识用户界面、设置个性化界面、自定义用户界面、配置系统颜色、菜单及工具栏等。掌握这些基本知识,才能熟练地运用 3ds Max 软件制作出园林效果图。

任务 1 3ds Max 基本操作技能

子任务 1 认识 3ds Max 的用户界面

①双击桌面上的 图标,启动 3ds Max,进入如图 1.1 所示的 3ds Max 用户界面。

图 1.1 3ds Max 9 的用户界面

②3ds Max 的工作界面大致分为标题栏、菜单栏、工具栏、视图区、状态栏和提示行、动画控制区、视图控制区和命令面板等几大部分。

知识链接

3ds Max 工作界面每一个部分的含义

1)标题栏

标题栏位于屏幕界面的最上方蓝色带状处,显示程序名称和当前打开的文件名称。

2)菜单栏

菜单栏位于标题栏之下,其结构和用法与标准的 Windows 文件菜单基本相同。主要提供一些用于文件管理、编辑修改、渲染及寻找帮助的命令,将光标移动到某个菜单上单击,即可弹出相应的下拉菜单,可以从中选择所要执行的命令。

菜单中的命令项目如果带有"…"号,表示会弹出相应的对话框,带有"▶"号表示还有次一级菜单,有快捷键命令的右侧显示快捷键的按键组合。

3)工具栏

(1)主工具栏 主工具栏位于菜单栏的下方,视图工作区的上方。包含对物体进行操作的常用命令按钮。

在显示器分辨率低于 1 152×870 像素时,部分命令不显示,此时将鼠标放在主工具栏的空白处或分界线处停留片刻,鼠标箭头就会变成"小手"状,拖动鼠标,即可移动工具栏,将隐藏的命令按钮显示出来。

主工具栏中的按钮大致可分为选择工具、物体变形工具、坐标系操作工具、捕捉控制工具、材质和渲染工具等几大类。

(2)其他工具栏 除主工具栏之外,3ds Max 中还有其他工具栏,如轴约束工具栏、层工具栏、附加工具栏等。可以通过菜单栏中的【Customize】(自定义)/【Show UI】(显示 UI)/【Show Floating Toolbars】(显示浮动工具栏)命令将其他的工具栏调出(或隐藏),也可以在主工具栏的空白处单击鼠标右键,选择并调出相应的工具栏。

4)视图区

进入 3ds Max 界面,占大部分面积的就是视图区。视图区也叫工作区,即 3ds Max 9 主界面上的 4 块带有栅格的区域,缺省状态下, 它由 4 个视图区组成:Top(顶视图)、Front(前视图)、Left(左视图)和 Perspective(透视图)。

除这 4 个视图以外,还有一些其他的视图,这些视图之间均可以相互转换。操作时,激活需转换的视图,通过敲击键盘上的快捷键即可。快捷键设置为:T(顶视图)、B(底视图)、L(左视图)、U(用户视图)、F(前视图)、K(后视图)、P(透视图)、C(相机视图)等。

被激活的视图周围以黄色线框显示,物体的操作只能在被激活的视图中进行。

5)命令面板

命令面板在缺省条件下位于系统界面的右侧,是 3ds Max 的核心,其应用比较复杂,所有的设计工作几乎都要通过该面板来完成。

3ds Max 的命令面板由 6 个标签组成,如图 1.2 所示。单击不同的标签可以进入相应的命令面板,包括【Create】(创建)命令面板、【Modify】(修改)命令面板、【Hierarchy】

（层级）命令面板、【Motion】（运动）命令面板、【Display】（显示）命令面板和【Utilities】（工具）命令面板等内容。

图1.2　命令面板的6个标签　　　　　图1.3　子面板的7个图标

（1）【Create】（创建）命令面板　【Create】（创建）命令面板中的命令主要用于在场景中创建对象，其包括7个子面板，如图1.3所示。单击 按钮可出现创建"三维物体"面板，单击 按钮可出现创建"二维图形"面板，单击 按钮可出现创建"灯光"面板，单击 按钮可出现创建"相机"面板，单击 按钮可出现创建"辅助物体"面板，单击 按钮可出现创建"空间扭曲"面板，单击 按钮可出现创建"系统"命令面板。

系统默认的命令面板当前显示状态为【Create】（创建）命令面板。

（2）【Modify】（修改）命令面板　【Modify】（修改）命令面板中的命令，主要用于修改已经存在并被选择的物体。例如对所选择的三维物体进行【Bend】（弯曲）、【Taper】（锥化）、【Twist】（扭曲）、【Edit Mesh】（编辑网格）等各种处理；对所选择的二维图形进行修改或通过拉伸、旋转、倒角等编辑器进行建模等一系列的操作，从而符合我们的创作要求。单击【Modify】（修改）命令面板中的"修改器列表"选项窗口右边的黑色小三角便可弹出所需要的各种修改命令。

（3）【Hierarchy】（层级）命令面板　该面板的各个选项用以建立和调整物体之间的层次关系。

（4）【Motion】（运动）命令面板　在制作动画时，可以利用【Motion】（运动）命令面板中的选项设置物体的运动参数，控制物体的运动轨迹。

（5）【Display】（显示）命令面板　当视图中的物体比较复杂时，我们可以通过【Display】（显示）命令面板中的选项对视图中的物体进行控制，使其显示、隐藏、冻结或解冻。

（6）【Utilities】（工具）命令面板　可以利用【Utilities】（工具）命令面板中的选项嵌入外部程序或打开资源浏览器等。

6）状态栏和提示栏

状态栏主要显示当前系统的状态信息；而提示栏用于提示下一步该进行怎样的操作。

在提示栏上有两个按钮，一个是【Selection Lock Toggle】（锁定被选择物体）按钮，用以锁定当前选择的物体，以免发生误操作；另一个是【Absolute Mode Transform Type-In】（绝对坐标方式变换输入）按钮，用以控制选择物体在视窗中的位置，以鼠标单击该按钮，可以实现绝对坐标方式之间的切换。

7）视图导航区

在界面的右下角有8个图标按钮，它们是当前激活视图的操纵工具，主要用于调整视图显示的大小和方位。可以对视图进行缩放、局部放大、满屏显示、旋转以及平移等显示状态的调整。其中有些按钮会根据当前被激活视窗的不同而发生变化。

8）动画控制区

动画控制区位于屏幕下方，主要用于动画的录制、播放及动画长度的设置等。

子任务2　设置个性化界面

①启动3ds Max。

②选择菜单栏中的【Customize】(自定义)/【Load Custom UI Scheme…】(加载自定义 UI 方案)命令,在弹出的【Load Custom UI Scheme…】(加载自定义 UI 方案)对话框中选择 3ds Max 安装路径下的 UI 文件夹,然后在文件夹内选择 ame-dark.ui 选项并单击【打开】按钮,如图1.4 所示。

③此时 3ds Max 系统即以 ame-dark.ui 系统界面显示,整体界面效果如图1.5 所示。

图1.4　加载自定义 UI 方案

图1.5　设置个性化界面后的效果

说明:加载 DefaultUI.ui 文件,可以恢复 3ds Max 至默认的用户界面。

图1.6　右键快捷菜单

子任务3　自定义视图布局

①双击桌面上的 图标,启动英文版 3ds Max。

②在视图名称上单击鼠标右键,弹出右键菜单,从中选择【Configure】(配置)命令,如图1.6 所示。

③此时会弹出一个【Viewport Method】(视口配置)对话框,如图1.7 所示,选择【Layout】(布局)选项卡,在中间选择一个自己喜欢的视图布局,然后单击【OK】按钮即可。

说明:3ds Max 共提供了 14 种布局方式,右下角的四视口布局模式是系统默认的视口形式。此外,在视口交界位置拖动鼠标,可以自由调整各个视口的大小比例。

子任务 4   自定义菜单

①启动英文版 3ds Max。

②选择菜单栏中的【Customize】(自定义)/【Customize User Interface】(自定义用户界面)命令,在如图 1.8 所示的【Customize User Interface】(自定义用户界面)对话框中选择【Menus】(菜单)选项卡,单击【New】(新建)按钮打开【New Menu】(新建菜单)对话框,输入新菜单名称,单击【OK】按钮,【常用命令】菜单就会添加到左侧的 Menu(菜单)列表框中。

图 1.7   视口配置对话框

图 1.8   【自定义用户界面】对话框

③在菜单列表框中,拖动新建的【常用命令】菜单至右侧的主菜单栏列表中,如图 1.9 所示。

④为【常用命令】菜单添加命令,首先打开【Categoty】(类别)栏下的【Modifiers】(修改器),选择其中的【FFD Box Modifier】(FFD 长方体修改器),将其拖动到已经展开的【常用命令】菜单栏的下方,如图 1.10 所示,这样就为新建的"常用命令"菜单添加了操作命令。

⑤完成以上的操作后,观察 3ds Max 界面上方的菜单,可以发现【常用命令】菜单已经出现在菜单栏内,如图 1.11 所示。

图 1.9   添加菜单

图 1.10   添加菜单命令

图1.11　添加自定义菜单效果

子任务5　自定义工具栏

①启动3ds Max。

②选择菜单栏中的【Customize】（自定义）/【Customize User Interface】（自定义用户界面）命令，在弹出的【Customize User Interface】（自定义用户界面）对话框中，选择【Toolbars】（工具栏）选项卡，在下面的窗口中选择【Array】（阵列），然后拖动到主工具栏相应的位置，此时在工具栏上就有了 ❋【Array】（阵列）按钮。

③用同样的方法，可以将其他需要的命令添加到主工具栏上，设置完毕后关闭【Customize User Interface】（自定义用户界面）对话框。

④将鼠标放在主工具栏的上方，当鼠标箭头变为张开的手掌形状时，单击鼠标右键会弹出右键菜单，选择其中的【附加】命令，此时在窗口中出现了【附加】工具栏。按住 Alt 键向主工具栏上拖动，可以快速添加工具按钮。

⑤如果要删除工具栏中多余的按钮，可以按住 Alt 键，单击并向视口中拖动要删除的按钮，在弹出的【Confirm】（确认）对话框中单击 是(Y) 按钮，即可将工具栏上的按钮删除。

> 说明：根据工具需要，可以在主工具栏中保留经常需要用到的工具，而将用不到的工具删除，从而精简工作界面，以提高工作准确度与效率。

子任务6　自定义快捷键

①启动3ds Max。

②执行菜单栏中的【Customize】（自定义）/【Customize User Interface】（自定义用户界面）命令，在弹出的【Customize User Interface】（自定义用户界面）对话框中，选择【Keyboard】（键盘）选项卡，在下面的窗口中选择【Array】（阵列）命令，在【Hotkey】（热键）文本框中输入 Alt + Z，然后单击Assign按钮，就完成了【Array】（阵列）命令快捷键的指定，具体的操作步骤如图1.12所示。

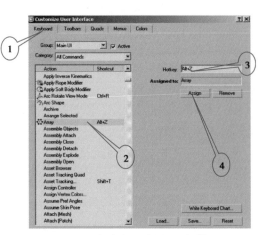

图1.12　自定义用户界面对话框

> 说明：在进行快捷键的设置时，如果需要设置配合【Ctrl】或【Alt】键的快捷键，需要直接按住键盘上的相关键位，再按下要进行设置的字母键，而不能直接输入字母 Ctrl 或 Alt。

③3ds Max 的快捷键以.kbd 的文件进行保存，当重装软件或在其他计算机上使用时，可以选择【Customize】（自定义）/【Load Custom UI Scheme…】（加载自定义 UI 方案）命令，载入自定义的快捷文件。

图 1.13　自定义用户界面对话框

子任务 7　自定义右键菜单

①启动 3ds Max。

②选择菜单栏中的【Customize】(自定义)/【Customize User Interface】(自定义用户界面)命令,打开【Customize User Interface】(自定义用户界面)对话框,选择【Quads】(四元菜单)选项卡,在命令列表中选择【Array】(阵列)命令,并将其拖动到右侧窗口中的相应位置,如图 1.13 所示。

③添加完成后,在视图中右击鼠标,就可以发现新添加的【Array】(阵列)命令。

子任务 8　配置界面颜色

①启动 3ds Max。

②选择菜单栏中的【Customize】(自定义)/【Customize User Interface】(自定义用户界面)命令,打开【Customize User Interface】(自定义用户界面)对话框,选择【Colors】(颜色)选项卡,然后在【Elements】(元素)右侧的下拉列表中选择【Viewports】(视口),在其下的窗口中选择【Viewports Background】(视口背景)。

③单击选项卡右侧上方颜色色块,在弹出的【Color Selector】(颜色选择器)对话框中选择白色,即将【Viewports Background】(视口背景)颜色修改为白色。

④调整颜色完成后,在【Customize User Interface】(自定义用户界面)对话框中单击【Apply Colors Now】(立即应用颜色)按钮,视口背景的颜色就变成了前面设置的颜色。

> 说明:在使用 3ds Max 时,一般不对系统默认的颜色方案进行修改,只有在系统默认的颜色影响视图观察时才进行对应的调整,例如系统默认"冻结"物体颜色与"视图"及"网格"的颜色过于接近,此时可以考虑对"冻结"物体颜色进行调整,以便于视图操作。

子任务 9　自定义修改面板

①启动 3ds Max。单击命令面板中的 图标,进入修改命令面板,单击其中的 (配置修改器集)按钮,在弹出的菜单中选择【Show buttons】(显示按钮)命令,如图 1.14 所示。

②完成以上操作后,在修改命令面板中便会出现一个默认的修改器集按钮组,如图 1.15 所示,这些修改器在园林效果图制作中很少用到,可以将其替换为【Extrude】(挤出)、【Lathe】(车削)、【Bevel】(倒角)、【Bend】(弯曲)、【Taper】(锥化)、【lattice】(晶格)、【Edit Mesh】(编辑网格)、【FFD box】(FFD 长方体)等常用修改器。

③单击 (配置修改器集)按钮,在弹出的菜单中选择【Configure Modifier Sets】(配置修改器集)命令,打开【配置修改器集】对话框,如图 1.16 所示在【Modifier List】(修改器列表)中选择需要的修改器,按住鼠标左键将其拖动到右侧的按钮上即可,从而取代原修改器。

④按钮的个数也可以通过【Total Buttons】(按钮总数)参数后的数值进行设置,设置完成后可以将这个命令面板保存起来方便以后使用。

图1.14 配置菜单　　图1.15 显示按钮组　　图1.16 配置修改器集

子任务10 设置单位

①启动3ds Max。

②执行菜单栏中的【Customize】
（自定义）/【Units Setup】（单位设置）
命令，弹出【Units Setup】（单位设置）
对话框。

③在【Units Setup】（单位设置）对
话框中选择【Metirc】（公制）选项，在下
面的单位下拉列表中选择【Millimeters】
（mm）选项，如图1.17所示。

④再单击【Units Setup】（单位设
置）对话框中的【System Unit Setup】
（系统单位设置）按钮，弹出【System　　图1.17 设置显示单位为mm
Unit Setup】（系统单位设置）对话框，

图1.18 设置系统单位为mm

在【System Unit Scale】（系统单位比例）列表中选择【Millimeters】（mm）选项，单击【OK】按钮，
如图1.18所示。

⑤返回到【Units Setup】（单位设置）对话框，单击【OK】按钮完成单位设置。

子任务11 掌握3ds Max文件的基本操作

1）新建文件

选择【File】（文件）/【New…】（新建）命令可以清除当前场景的内容，而无须更改系统设
置（如视口配置、捕捉设置、材质编辑器、背景图像等）。进行
新建时会弹出如图1.19所示的对话框，可以根据需要选择相
应的选项，然后单击【OK】按钮。

如果场景中创建了对象，但还没有保存场景文件，进行
【New】（新建）操作时，就会弹出如图1.20所示的对话框。

图1.19 新建文件对话框

选择【是】按钮将弹出【Save File As】（文件另存为）对话框，

图1.20　场景中创建了对象的新建文件对话框

对文件进行保存;选择【否】按钮不保存文件;选择【取消】按钮,则取消操作,不进行文件的新建。

2)重置场景

选择【File】(文件)/【Reset】(重置)命令可以清除所有数据并重置程序设置(如视口配置、捕捉设置、材质编辑器、背景图像等)。使用【Reset】(重置)选项与退出和重新启动3ds Max的效果相同。

3)打开文件

选择【File】(文件)/【Open】(打开)命令,从【Open File】(打开文件)对话框中加载场景文件(MAX文件)、角色文件(CHR文件)或VIZ渲染文件(DRF文件)。

【Open File】(打开文件)对话框具有标准的Windows文件打开控件。右边的缩略图区域显示场景预览,如图1.21所示,在左边的列表框中选择文件,单击【打开】按钮即可打开一个场景文件。

图1.21　打开文件

选择【File】(文件)/【Open Recent】(打开最近)命令,将显示打开和保存文件列表,列表按年代顺序进行排列,最近的文件排在首位,使用【Open Renect】(打开最近)命令能够快捷地打开最近编辑使用过的文件。

> 说明:要更改【Open Renect】(打开最近)列表中显示的文件数,可进行如下操作:选择菜单【Customize】(自定义)/【Preferences…】(首选项)命令,单击【Files】(文件)选项卡,在【File Handling】(文件处理)栏下,设置【Recent Files in File Menu】(文件菜单中最近打开的文件)值,上限为50。

4)合并文件

选择【File】(文件)/【Merge】(合并)命令,可以将其他场景文件中的部分对象或全部对象合并到当前场景中。

当一个或更多的合并对象与场景中的对象名称相同时,会弹出如图1.22所示的对话框。

　Merge　(合并):使用右边字段中的名称合并对象。为了避免两个对象同名,在处理前要先输入一个新名称。

　Skip　(跳过):不合并对象。

　Delete Old　(删除原有):合并对象前删除现有对象。

　Auto-Rename　(自动重命名):将对象自动命名并合并。

☐ Apply to All Duplicates:(应用于所有重复情况):处理后续所有同名的合并对象,采用的方式与当前对象指定的方式相同,不会再出现警告。如果重命名当前对象,则该选项不可用。

　Cancel　(取消):取消合并操作。

当合并对象的材质与场景中的材质名称相同时,会弹出如图1.23所示的对话框。

　Rename Merged Material:　(重命名合并材质):为合并的材质定义名称。

　Use Merged Materia　(使用合并材质):将合并材质的特性指定给场景中的同名材质。

　Use Scene Material　(使用场景材质):将场景中的材质特性指定给合并的同名材质。

图1.22　提示名称重复的对话框　　　图1.23　提示材质重复的对话框

（自动重命名合并材质）：自动将合并材质重命名为新的名称，一般根据下一个可用材质命名。

☐ Apply to All Duplicates （应用于所有重复情况）：处理后续同名的合并对象，采用的方式与为当前对象指定的方式相同。

5）保存文件

选择【File】（文件）/【Save】（保存）命令可以保存场景文件。

使用【Save】可通过覆盖上次保存的场景更新当前的场景。如果先前没有保存场景，则此命令的操作方式与【File】（文件）/【Save As】（另存为）命令相同。

选择【File】（文件）/【Save As】（另存为），可以采用不同的文件名保存当前的场景文件，或在不同的目录下保存相同的文件。

6）自动备份

如果经常忘记保存文件，则启用"自动备份"功能。选择菜单【Customize】（自定义）/【Preferences】（首选项）/【File】（文件）/【Auto Backup】（自动备份）组，打开【Enable】（启用）选项并设置好【Backup Interval】（备份间隔）之后，系统将按指定时间间隔自动保存场景，如图1.24所示。

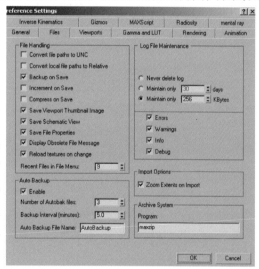

图1.24　设置"自动备份"

子任务12　设置冻结和冻结颜色

①启动3ds Max。

②单击菜单【File】（文件）/【Import】（导入）命令，打开"本书素材/项目一/CAD/小区.dwg"文件，如图1.25所示。

③在视图中选择所有图形，单击鼠标右键，在右键菜单中选择【Freeze Selection】（冻结当前选择）命令，当前选择图形即被冻结，如图1.26所示。冻结的图形不能被操作，再绘制其他图形时便不会出现误操作。

④观察发现，冻结颜色几乎看不清，以其做参考绘图时非常不方便，下面来设置冻结颜色。单击【Customize】（自定义）/【Customize User Interface】（自定义用户界面）/【Colors】（颜色）/【Elements】（元素）/【Geometry】（几何体）/【Freeze】（冻结），单击右侧【Color】（颜色）后面的色块，设置颜色，如图1.27所示。

图 1.25　导入的 CAD 文件

图 1.26　图形被冻结

⑤单击【Apply Colors Now】(立即应用颜色)按钮,关闭对话框,结果如图 1.28 所示。更改颜色成功,此时看得非常清晰。

图 1.27　设置颜色

图 1.28　更改冻结颜色

子任务 13　创建组

①启动 3ds Max。

②单击菜单【File】(文件)/【Open】(打开)命令,打开"本书素材/项目一/任务 1—3ds Max 基本操作技能/模型/创建组—花坛. max"文件,可以看到场景中有花坛和花,如图 1.29 所示。

③在实际工作中需要移动或缩放花坛,如果花坛没有成组,在移动或缩放时容易漏选某个部件,造成模型不完整或部件比例失调。

④按【Ctrl + A】,选择场景中所有的模型,执行菜单中的【Group】(组)/【Group】(成组)命令,在弹出的【Group】(组)对话框中命名组为"花坛和花",如图 1.30 所示,单击【OK】后,花坛和花成为一体,这样在进行移动、缩放等操作时,两者就会保持同步。

图 1.29　打开的场景文件

图 1.30　创建组

图 1.31
组的其他操作

说明:在物体成组后,还可以在【Group】(组)菜单中选择相关命令进行解组、打开、炸开等操作,如图1.31所示。

子任务14　复制物体

1) 移动复制——制作楼梯

　　①选择菜单【File】(文件)/【Reset】(重置)命令,初始化3ds Max。

　　②单击【Create】(创建)　/【Geometry】(几何体)/【Box】(长方体)按钮,在顶视图中创建一个50×200×30的长方体,命名为"台阶",如图1.32所示。

图1.32　创建长方体　　　　　　　　　图1.33　向右上移动台阶位置

　　③激活左视图,单击　按钮,启用顶点捕捉,按住【Shift】键不放,将立方体复制移动到如图1.33所示的位置,释放鼠标,出现【Clone Options】(克隆选项)对话框,设置参数如图1.34所示。

　　④单击【OK】按钮,生成楼梯踏步,按【Shift + Ctrl + Z】组合键全屏显示,如图1.35所示。

图1.34　克隆选项对话框　　图1.35　移动复制结果

2) 旋转复制——茶壶和茶杯的摆放位置

图1.36　创建茶壶和茶杯

　　①在顶视图中创建一个茶壶和一个圆锥体,位置如图1.36所示。

　　②选择圆锥体,单击工具栏中的【Reference Coordinate System】(参考坐标系统)下拉项,从中选择【Pick】(拾取)项,如图1.37所示,到视窗中拾取茶壶,并选择【Use Transform Coordinate Center】(使用变换坐标中心)命令　按钮,单击【Select and Rotate】(选择并旋转)　按钮,打开【Angle Snap Toggle】(角度捕捉)　按钮,按住【Shift】键不放,用鼠标旋转茶杯到60°的位置,释放鼠标,在【Clone Options】(克隆选项)对话框中设置参数如图1.38所

示,单击【OK】按钮完成复制,结果如图1.39所示。

3)缩放复制——制作同心管状体

在顶视图中创建一个管状体,选择物体,点击 【Select and Uniform Scale】(选择并缩放)按钮,按住【Shift】键不放,用鼠标放大物体,释放鼠标,在【Clone Options】(克隆选项)对话框中设置副本数为3,单击【OK】按钮,完成复制,透视图效果如图1.40所示。

图1.37　拾取坐标　　图1.38　克隆选项对话框　　图1.39　旋转复制结果　　图1.40　缩放复制结果

子任务15　阵列对象

1)直线阵列

①单击【Create】(创建) /【Geometry】(几何体)按钮 ,在透视图中创建一个半径为20 mm的茶壶。

②在主工具栏空白处单击鼠标右键,弹出右键菜单,从中选择【附加】,在出现的浮动工具栏上点击【Array】(阵列)按钮 ,弹出阵列对话框,设置参数如图1.41所示,单击【OK】按钮。第一次阵列完成,结果如图1.44(a)所示。

图1.41　茶壶第一次阵列变换参数设置

图1.42　茶壶第二次阵列变换参数设置

③第二次阵列。选择视口中所有对象,单击【Array】(阵列)命令,设置对话框中的参数如图1.42所示,阵列完成结果如图1.44(b)所示。

图1.43　茶壶第三次阵列变换参数设置

④第三次阵列。选择视口中所有对象,单击【Array】(阵列)命令,设置对话框中的参数如图1.43所示,阵列完成结果如图1.44(c)所示。

⑤也可以按照图1.45所示的设置一次性完成上面的阵列。

2)旋转阵列

①重置3ds Max,在顶视图中创建一个圆柱体,单击【Select and Uniform Scale】(选择并缩放) 按钮,在顶视图中沿Y轴对圆柱体进行压扁操作,做出单个花瓣。

（a）第一次阵列　　　　　　　　（b）第二次阵列　　　　　　　　（c）第三次阵列

图1.44　茶壶第一次、第二次、第三次阵列结果

②单击 【Hier archy】（层次）按钮，打开层次面板，按下【Affect Pivot Only】（仅影响轴）按钮，调整花瓣的影响轴到花心部分，如图1.46所示，取消【Affect Pivot Only】（仅影响轴）按钮的按下状态。

③打开【Tools】（工具）菜单，选择【Array】（阵列）项，设置参数如图1.47所示，单击【OK】按钮。阵列效果如图1.48所示。

图1.45　一次性完成茶壶三维直线阵列的参数设置

图1.46　调整花瓣的影响轴　　　图1.47　花瓣旋转阵列的参数设置　　　图1.48　花瓣旋转阵列效果

3）间隔阵列——【Spacing Tool】（间隔工具）的使用

①单击【Create】（创建） /【Shapes】（图形） /【Line】（直线）按钮，在【Line】（直线）命令的参数面板中选择【Smooth】（平滑）选项，在顶视图中创建一条曲线路径。

②单击【Create】（创建） /【Geometry】（几何体） 按钮，再单击【Standard Primitives】（标准基本体）下拉列表，从中选择【AEC Extended】（AEC 扩展）选项，单击【Foliage】（植物）按钮，在植物列表中选择一种植物，然后在顶视图中单击鼠标左键创建一株植物，单击【Select and Uniform Scale】（选择并缩放） 按钮，将其调整到合适的大小，如图1.49所示。

③选择植物，按住 按钮不放，在弹出的工具中选择【Spacing Tool】（间隔工具） 按钮，此时会弹出间隔工具对话框，设置参数如图1.50所示。

单击【Pick Path】（拾取路径）按钮，在顶视图中单击曲线路径，然后单击【Apply】（应用）/【Close】（关闭）按钮完成操作，选择多余的植物，按【Delete】键删除，保留10株，得到最终效果，如图1.51所示。

图1.49　创建的植物和曲线路径　　图1.50　间隔工具参数设置　　图1.51　树木间隔阵列效果

子任务16　对齐物体

①重置3ds Max系统,在透视图中分别创建一个立方体和一个茶壶,选择茶壶(原物体),单击【Align】(对齐)按钮 ，在场景中拾取立方体(目标物体),在出现的【Align Selection(Box01)】对话框中设置参数,如图1.52所示。

②单击【Apply】(应用)按钮,继续在【Align Selection(Box01)】对话框中设置参数,如图1.53所示。

③单击【OK】按钮,对齐结果如图1.54所示。

图1.52　对齐当前选择设置　　图1.53　继续对齐当前选择设置　　图1.54　物体的对齐结果

子任务17　捕捉物体

①启动英文版3ds Max。

②单击菜单【File】(文件)/【Open】(打开)命令,打开"本书素材/项目一/任务1—3ds Max基本操作技能/模型/捕捉—墙体.max"文件,可以看到场景中的墙体有3个窗洞,但当前只绘制了一个窗户模型,如图1.55所示。接下来就利用移动工具结合【Snaps Toggle】(捕捉开关)快速完成其他窗户模型的创建。

③激活前视图并最大化,在工具栏 (三维捕捉)按钮上按住不放,在弹出的按钮列表中选择 (2.5维捕捉),然后在该按钮上单击鼠标右键,在弹出的【Grid and Snap Settings】(栅格和捕捉设置)对话框中设置【Snaps】(捕捉)及【Options】(选项)两个选项卡,如图1.56和图1.57所示。

图1.55　打开的场景文件

图1.56　【Snaps】(捕捉)选项卡

图1.57　【Options】(选项)选项卡

说明:二维捕捉只能捕捉当前活动栅格及栅格平面上的几何体,将忽略Z轴或垂直尺寸,因而只适用于捕捉当前栅格平面上的对象;2.5维捕捉不但可以捕捉到当前活动栅格及栅格平面上的几何体,也可以捕捉到三维空间对象在当前栅格平面上的投影点或边缘,常用于绘制从AutoCAD中导入的墙体轮廓;三维捕捉直接捕捉空间中的点、线等,可用于三维空间中移动对象和绘制曲线。

④设置好捕捉参数后,选择窗户模型,单击工具栏✛按钮,捕捉当前窗框模型的左上角顶点,如图1.58所示,按下【F5】键将移动锁定至X轴,然后按住【Shift】键向右侧窗洞拖动复制,当捕捉到右侧窗洞左上角顶点时松开鼠标,如图1.59所示,在弹出的【Clone Options】(克隆选项)对话框中将【Number of Copies】(副本)数量设置为2,单击【OK】按钮,完成复制。

⑤窗户模型最终复制效果如图1.60所示。

图1.58　捕捉顶点

图1.59　拖动复制

图1.60　复制窗户效果

说明:X轴、Y轴和Z轴向约束对应快捷键分别为F5、F6和F7,按F8键可以切换成XY轴、YZ轴和ZX轴平面约束。

巩固训练

1.按照自己的喜好设置个性化界面。

2.根据系统提供的布局类型自定义视图布局。

3.在主工具栏中,自定义常用命令。

4.将【Array】(阵列)命令定义为快捷键。

5.请自定义一个右键菜单。

6.自定义修改面板。

7.导入一个CAD文件(本书素材/项目一/CAD/花池平面图.dwg),如图1.61所示。试将其冻结,并自行设置冻结的颜色。

8.打开"本书素材/项目一/任务1—3ds Max基本操作技能/模型/房子.max"文件,如图1.62所示,试将场景中所有的物体一起成组。

图1.61　CAD文件　图1.62　打开的场景文件

9.将上面第8题中的房子复制5个,并摆放成连排房。

10. 自己绘制图形,练习旋转复制和缩放复制。

11. 自己绘制图形,练习直线阵列、旋转阵列和间隔阵列。

12. 分别绘制一个圆柱体和一个圆锥体,然后对它们进行对齐操作。

任务2　二维图形的创建与编辑的操作技能

子任务1　编辑二维形体子对象【Vertex】(顶点)

①在顶视图中创建一个三角形,进入修改命令面板,从【Modifier List】(修改器列表)下拉列表中选择【Edit Spline】(编辑样条线)命令,进入二维对象的子对象级,点击【Vertex】(顶点)按钮,选择视图中的顶点。

②在所编辑的顶点上按鼠标右键出现贝塞尔角点、贝塞尔、角点、平滑4种调节方式,分别如图1.63—图1.66所示,可以实现对顶点的调整。

图1.63　贝塞尔角点方式　　图1.64　贝塞尔方式　　图1.65　角点方式　　图1.66　平滑方式

③按【Refine】(优化)按钮可以在曲线上添加顶点,按【Delete】键可以删除顶点。

子任务2　编辑二维形体子对象【Segment】(线段)

①在顶视图中创建一个矩形,进入修改命令面板,从【Modifier List】(修改器列表)下拉列表中选择【Edit Spline】(编辑样条线)命令,进入二维对象的子对象级,单击【Segment】(线段)按钮,选择视图中的线段。

②进入编辑状态,单击相应的按钮即可对线段进行移动、旋转、缩放等编辑,如图1.67所示。

图1.67　线段的移动、旋转和放大

子任务3　编辑二维形体子对象【Edit Spline】(样条线)

1)线的轮廓

①在顶视图中创建一个三角形,进入修改命令面板,从【Modifier List】(修改器列表)下拉选框中选择【Edit Spline】(编辑样条线)命令,进入二维对象的子对象级,单击【Segment】(样条线)按钮。

②选择视图中的三角形,变红色,然后单击【Outline】(轮廓)按钮,将光标移动到线上拖

拽鼠标松手后即可产生偏移,如图1.68所示。或在【Outline】(轮廓)窗口内设置一个合适的数值,回车,视图中就会出现一个偏移线。如果勾选【Center】(中心)选项,则可按原线形的中心线来产生偏移,对曲线编辑,一般常用【Outline】(轮廓)来产生新的形体,如墙体。

2)二维形体的布尔运算

在顶视图中创建三角形、圆形和矩形,位置形态如图1.69所示。

选择矩形,进入修改命令面板,从【Modifier List】(修改器列表)下拉选框中选择【Edit Spline】(编辑样条线)命令,然后激活【Geometry】(几何体)下面的【Attach】(附加)按钮,在视图中依次选择圆形和三角形,结果如图1.70所示。

图1.68 线段的偏移

图1.69 图形创建

图1.70 图形连接

激活 按钮,在视图中任选一个图形,使其变红色,再单击【Boolean】(布尔)按钮,选择【Union】(并集) ,单击其余两个图形,结果如图1.71所示。激活【Outline】(轮廓)按钮,在视图中拖拽图形,偏移结果如图1.72所示。

图1.71 布尔运算

图1.72 轮廓

巩固训练

1. 如图1.73所示,在视图中创建"图形 A"和"图形 B",试对二维形体子对象的【Vertex】(顶点)进行编辑,将"图形 A"编辑成"图形 C"的形态,将"图形 B"编辑成"图形 D"的形态。

图形A   图形C   图形B   图形D

图1.73 编辑顶点

2. 绘制一个二维闭合线形,对其进行【Outline】(轮廓)操作,分别设置轮廓数值为正数和负数,观察结果;绘制一个二维开放线形,对其进行【Outline】(轮廓)操作,分别设置轮廓数值为正数和负数,观察结果。

3. 绘制两个二维图形,分别进行差集、并集和交集布尔运算,观察运算结果。

项目 2 创建模型的操作技能

　　3ds Max 建模的基本方法概括为二维线形建模、基本几何体建模和三维修改器建模等。

　　二维线形在效果图建模中是使用频率最高的建模方式,制作三维模型时可先创建二维平面线形,然后添加相应的修改命令;二维线形也可以通过产生自身厚度直接使用;同时由于二维线形提供了【Vertex】(顶点)、【Segment】(线段)和【Spline】(样条线)等修改级别,因此对图形调整十分灵活。

　　3ds Max 内建了几十种基本几何体,包括标准基本体和扩展基本体。许多园林模型正是由这些简单的基本几何体组合而成,如阶梯、墙体等。可以使用这些基本几何体,像搭积木一样迅速搭建起建筑造型,它是 3ds Max 建模的基础。

　　3ds Max 内建数十个修改器,可以对所有创建的对象和子对象进行精细加工,从而得到所需模型,是 3ds Max 的重要组成部分。需重点接触【Bend】(弯曲)、【lattice】(晶格)、【Noise】(噪波)、【FFD3×3×3】、【Edit Mesh】(编辑网格)、【Boolean】(布尔)以及【ProBoolean】(超级布尔)等常用的三维修改命令。

任务1　二维线形建模的操作技能

子任务1　制作铁艺栏杆

　　①在菜单栏中单击【File】(文件)/【Reset】(重置)命令,对系统进行重新设置,并设置单位为"mm"。

　　②单击视图右侧创建面板中的【Creact】(创建) /【Shapes】(图形) /【Line】(线)命令,在前视图绘制一条垂线,单击右键结束操作,如图2.1所示。此时按【Shift+Q】组合键进行渲染,发现直线并不能被渲染。

　　③单击 按钮,在右侧的参数面板中单击【Rendering】(渲染)按钮将此卷展栏打开,按图2.2所示设置参数。

　　④此时,不仅在视图中直线变成了一个圆柱状的实体,而且渲染时也可以看到这个圆柱状的实体,如图2.3所示。这就是二维图形【Rendering】(渲染)功能的体现。

说明:默认情况下,二维图形不可渲染,只有在【Rendering】(渲染)卷展栏中进行了设置才能渲染。为了方便读者,本书中部分"参数设置"图采用了中英文对照的方式显示。

⑤单击【Line】(线)命令,在【Creation Method】(创建方式)卷展栏中,选择【Smooth】(平滑)选项,如图2.4所示。

图2.1　绘制的垂线　　图2.2　渲染参数面板　　图2.3　设置渲染　　图2.4　直线的创建方式选项
　　　　　　　　　　　　　　　　　　　　　　　　参数后

⑥设置完成后,在前视图中绘制如图2.5所示的曲线图形(可以一条一条地绘制,然后将所绘制的所有曲线附加在一起)。

⑦选择曲线图形,单击 ⫻ 按钮,将【Rendering】(渲染)参数栏中的【Thickness】(厚度)设置为5 mm,此时曲线图形便生成了圆柱状实体。单击主工具栏上的 ⫶ (镜像)按钮,设置镜像参数,如图2.6所示。单击【OK】按钮,随即向右侧镜像复制了一条曲线。

⑧按住【Ctrl】键同时选择两个曲线图形,单击 ⫶ (镜像)按钮,在弹出的对话框中按图2.7进行设置,单击【OK】按钮,如图2.8所示。

⑨同时选择视图中所有的图形,将它们成组复制。

⑩重复前面的操作,绘制栏杆扶手,最终铁艺栏杆渲染效果如图2.9所示。

图2.5　绘制曲线　图2.6　参数设置　图2.7　参数设置　图2.8　铁艺弯花　图2.9　铁艺栏杆渲染效果

子任务2　制作铁艺花架

①重新设置系统,单位设置为"mm"。

②单击【Create】(创建) ⫶ /【Shapes】(图形) ⫶ /【Rectanle】(矩形)命令,在前视图中创建一个300 mm×500 mm的辅助矩形,如图2.10所示。

③单击【Line】(直线)命令,在前视图中的辅助矩形内绘制如图2.11所示的花架支架的大致造型。

④选择创建好的线形,按数字键【1】进入【Vertex】(顶点) ⫶ 子对象层级,对其顶点进行调整,得到如图2.12所示的线形。

⑤用相同的方法完成其他支架的绘制,如图2.13所示。

图2.10　创建的辅助矩形　　图2.11　绘制花架支架　　图2.12　调整好的支架线形　　图2.13　绘制的所有支架

⑥删除辅助矩形,设置所有花架支架的渲染参数,如图2.14所示,此时的花架支架如图2.15所示。

⑦选择视图中所有的物体,单击主命令中的【Group】(组)/【Group】(成组)命令,在弹出的【Group】对话框中,命名为"花架支架",如图2.16所示。

⑧单击【OK】按钮,所有对象成组。在顶视图,对"花架支架"进行移动复制,如图2.17所示。

图2.14　参数　　　　图2.15　花架支架　　　　图2.16　【Group】　　　图2.17　复制花架支架
　　设置　　　　　　　　　　　　　　　　　　　　　　　(组)对话框

⑨单击【Circle】(圆)按钮,在顶视图中绘制一个半径为68 mm的圆,再用【Line】(直线)命令在圈内绘制曲线并阵列10个,然后将其成组命名为"花盆座",如图2.18所示。

⑩将"花盆座"复制两个,放在花架上面,花架模型的整体造型如图2.19所示。

⑪单击【File】(文件)/【Merge】(合并)命令,将"本书素材/项目一/任务2/线架/装饰花束.max"文件合并到场景中,将其进行缩放、移动、复制操作,放于合适的位置,最终结果如图2.20所示。

图2.18　绘制的花盆座　　　　图2.19　花架模型的整体造型　　　　图2.20　花架造型

巩固训练

1.绘制如图 2.21 所示的两款铁艺花架模型。

2.绘制如图 2.22 所示的铁艺大门模型。

3.绘制如图 2.23 所示的两款铁艺护栏模型。

图 2.21　铁艺花架　　　　　图 2.22　铁艺大门　　　　　图 2.23　铁艺护栏

任务 2　基本体模型的操作技能

子任务 1　创建茶几模型

①单击【Create】(创建) 　/【Geometry】(几何体) 　/【Standard Primitives】(标准基本体)/【Box】(长方体)命令,在顶视图中创建一个 1 190 mm×1 192 mm×89 mm 的长方体作为桌面,如图 2.24 所示。

②在视图中将长方体以【Copy】(复制)的方式移动复制一个,并在修改命令面板中修改其参数,如图 2.25 所示。

③在前视图中将复制的长方体移动到桌面的上方,其位置如图 2.26 所示。

图 2.24　绘制的长方体　　　图 2.25　参数设置　　　图 2.26　调整长方体的位置

④单击【Box】(长方体)命令,在顶视图中再创建一个 120 mm×120 mm×285 mm 的长方体作为桌腿,位置如图 2.27 所示。

⑤在顶视图中将桌腿以【Instance】(实例)的方式移动复制 3 个,位置如图 2.28 所示。

⑥渲染透视图,效果如图 2.29 所示。

图 2.27　桌腿的位置　　　图 2.28　复制长方体并调整位置后　　　图 2.29　茶几渲染效果

子任务 2　制作柱式草坪灯模型

①重置系统。单击【Create】（创建）　/【Geometry】（几何体）　/【Standard Primitives】（标准基本体）/【Cylinder】（圆柱体）命令，在顶视图中创建一个圆柱体，命名为"灯柱"，参数设置及结果如图 2.30 所示。

②单击【Create】（创建）　/【Geometry】（几何体）　/【Standard Primitives】（标准基本体）/【Cone】（圆锥体）命令，在顶视图中创建一个圆锥体，命名为"灯托"。参数设置如图 2.31 所示。

③选择"灯托"，单击【Align】（对齐）命令，在任意视图中拾取"灯柱"，弹出【Align Selection】（对齐当前选择）对话框，勾选 X、Y、Z 轴，如图 2.32 所示，然后单击【OK】按钮。

④单击【Select and Move】（选择并移动）　按钮，在前视图中沿 Y 轴向上移动"灯托"，使其与"灯柱"相接，如图 2.33 所示。

图 2.30　参数设置及结果　　图 2.31　参数设置　图 2.32　对齐设置　图 2.33　"灯托"的位置

⑤单击【Cylinder】（圆柱体）命令，在顶视图中再创建一个圆柱体，命名为"灯管"，利用【Align】（对齐）、【Select and Move】（选择并移动）工具，调整其位置，参数设置及位置如图 2.34 所示。

⑥单击【Create】（创建）　/【Geometry】（几何体）　/【Standard Primitives】（标准基本体）/【Tube】（管状体）按钮，在顶视图中创建一个圆管，命名为"灯罩"，利用【Align】（对齐）、【Select and Move】（选择并移动）工具，调整其位置，参数设置及位置如图 2.35 所示。

图 2.34　"灯管"的参数设置及位置　　　图 2.35　"灯罩"的参数设置及位置

⑦选择"灯罩"造型，在前视图中按住【Shift】键，沿 Y 轴向上移动一定的距离释放鼠标，在弹出的【Clone Options】（克隆选项）对话框中设置参数，如图 2.36 所示。单击【OK】按钮。

⑧单击【Create】（创建）　/【Geometry】（几何体）　/【Standard Primitives】（标准基本体）/【Sphere】（球体）按钮，在顶视图中创建一个球体，命名为"灯帽"，参数设置如图 2.37 所示。

⑨单击【Cylinder】（圆柱体）按钮，在顶视图中创建一个半径为 6 mm，高度为 20 mm 的

圆柱体作为灯芯,放于上部中心位置。使用【Align】(对齐)、【Select and Move】(选择并移动)工具,调整其位置,最终效果如图 2.38 所示,命名为"柱式草坪灯.max"。

图 2.36　克隆参数设置

图 2.37　球体参数设置

图 2.38　草坪灯模型

子任务 3　制作风铃模型

①重置系统,设置单位为"mm"。

②单击【Tube】(管状体)按钮,在顶视图中创建一个管状体,命名为"管状体",参数设置及结果如图 2.39 所示。

③单击【Sphere】(球体)命令,在顶视图中创建一个球体,命名为"球体",参数设置和球体的位置如图 2.40 所示。

④单击【Tube】(管状体)命令,在顶视图中再创建一个管状体,命名为"风铃管",参数设置及位置如图 2.41 所示。

图 2.39　管状体的参数
　　　　设置及结果

图 2.40　球体的参数设置及位置

图 2.41　管状体的参数设置及位置

⑤单击【Create】(创建) /【Shapes】(图形) /【Star】(星形)命令,在前视图中绘制一个三角形的线段,命名为"吊环",参数设置及结果如图 2.42 所示。

⑥打开【Rendering】(渲染)卷展栏,设置参数,如图 2.43 所示。

⑦单击 按钮,在前视图旋转"吊环"的角度,并将其移动到"风铃管"的上方,具体位置如图 2.44 所示。

图 2.42　星形的参数
　　　　设置及结果

图 2.43
渲染参数设置

图 2.44　"吊环"的位置

图 2.45　绘制的线段

⑧单击【Shapes】（图形）❂/【Line】（线）命令，在左视图中绘制一条线，命名为"吊绳"，勾选【Enable In Renderer】（在渲染中启用）和【Enable In Viewport】（在视口中启用）选项，设置【Thickness】（厚度）为 2 mm，结果如图 2.45 所示。

⑨单击 ✛ 按钮，在其他视图中移动这条线的位置，结果如图 2.46 所示。

⑩激活顶视图，将工具栏中的 🔳（使用轴点中心）按钮修改为 🔳（使用变换坐标中心）按钮，在视图中同时选择"吊绳""吊环"和"风铃管"，单击【附加】工具条中的 ❈ 按钮，在弹出的【Array】（阵列）对话框中，设置参数如图 2.47 所示。

图 2.46　吊绳的位置

图 2.47　【Arrray】（阵列）参数设置

⑪单击【OK】按钮，结果如图 2.48 所示。

⑫单击【Shapes】（图形）❂/【Line】（线）按钮，在左视图中绘制挂钩线段，命名为"挂钩"，勾选【Enable In Renderer】（在渲染中启用）和【Enable In Viewport】（在视口中启用）选项，设置【Thickness】（厚度）为 2，结果如图 2.49 所示。

⑬单击【Cylinder】（圆柱体）按钮，在顶视图中创建一个半径为 40 mm，高度为 20 mm 的圆柱体，命名为"风铃片"，位置如图 2.50 所示。

图 2.48　阵列结果

图 2.49　绘制的挂钩

图 2.50　圆柱体的位置

⑭单击【Create】（创建）❧/【Shapes】（图形）❂/【Star】（星形）按钮，在前视图中绘制一个五角星，命名为"装饰星"，参数设置如图 2.51 所示。

⑮勾选【Enable In Renderer】（在渲染中启用）和【Enable In Viewport】（在视口中启用）选项，设置【Thickness】（厚度）为 35 mm，结果如图 2.52 所示。

⑯单击【Shapes】（图形）❂/【Line】（线）按钮，在前视图绘制一条垂线，命名为"中绳"，勾选【Enable In Renderer】（在渲染中启用）和【Enable In Viewport】（在视口中启用）选项，设置【Thickness】（厚度）为 2 mm，这条垂线和五角星的位置如图 2.53 所示。

⑰渲染透视图,效果如图 2.54 所示,命名为"风铃. max",存盘。

图 2.51　参数设置　　　　图 2.52　五角星　　　　图 2.53　垂线和五角星的位置　　图 2.54　风铃

 巩固训练

1. 绘制如图 2.55 所示的方凳和桌凳模型。

2. 绘制如图 2.56 所示的花架模型。

图 2.55　方凳和桌凳模型　　　　　　图 2.56　花架模型

3. 绘制如图 2.57 所示的公共设施模型。

4. 绘制如图 2.58 所示的 5 种草坪灯模型。

图 2.57　公共设施模型　　　　　　图 2.58　草坪灯模型

任务3　二维转三维建模的操作技能

子任务 1　【Extrude】(挤出)建模

1)创建相框模型

①单击【rectangle】(矩形)命令,在前视图中绘制一个 150 mm × 220 mm 的矩形。

②在前视图中再绘制一个 93 mm × 158 mm 的矩形。其位置如图 2.59 所示。

③在前视图中选择大矩形,在修改命令面板的【Modify List】(修改器列表)中选择【Edit

Spline】(编辑样条线)命令,在【Geometry】(几何体)卷展栏中单击【Attach】(附加)按钮,然后在视图中拾取小矩形,将两者附加到一起,如图2.60所示。

④在【Modify List】(修改器列表)中选择【Extrude】(挤出)命令,在【Parameters】(参数)卷展栏中设置挤出的【Amounts】(数量)为8,造型如图2.61所示。

图2.59　矩形的位置   图2.60　两矩形附加后   图2.61　矩形挤出后

⑤在前视图中创建一个93 mm×158 mm×1 mm的长方体作为相框内的画,位置如图2.62所示。

⑥渲染透视图,相框模型效果如图2.63所示。命名为"相框.max"。

图2.62　创建长方体   图2.63　相框效果

2)创建楼梯模型

①设置单位为"mm"。

②在【Snaps Toggle】(捕捉开关)按钮上单击鼠标右键,弹出【Grid and Snap Settings】(栅格和捕捉设置)对话框,点选【Grid Points】(栅格点)选项。

③激活前视图,按【Alt+W】组合键,将其最大化显示。

④单击【Line】(线)命令,在前视图中绘制如图2.64所示的线形(踏步的尺寸为水平三个栅格、垂直两个栅格)。

⑤在修改面板中执行【Extrude】(挤出)命令,数量设置为20,结果如图2.65所示。

⑥在顶视图中移动复制一个,将挤出数量修改为120,作为中间的阶梯,再将小的复制一个,放在另一侧,结果如图2.66所示。

⑦用线命令制作出楼梯扶手,在任务3中我们已经详细地讲述过,这里不再赘述,最终效果如图2.67所示,命名为"楼梯.max"。

图2.64　绘制的楼梯截面线   图2.65　挤出效果   图2.66　复制后的位置   图2.67　楼梯效果

3)制作室外长椅模型

①重置系统,在左视图绘制一个 1 060 mm ×895 mm 的辅助矩形。

②单击【Line】(线)命令,在左视图辅助矩形内绘制如图 2.68 所示的二维封闭线形。

③删除辅助矩形,继续在左视图中绘制如图 2.69 所示的二维封闭线形。

图 2.68   图 2.69 又绘制的二维线形
闭合的二维线形

④将二者附加到一起,变白色,如图 2.70 所示。

⑤选择【Extrude】(挤出)命令,设置【Amounts】(数量)为 100,并命名为"椅子支撑",如图 2.71 所示。

⑥将"椅子支撑"以【Instance】(实例)的方式沿 X 轴方向复制两个,两个"椅子支撑"之间的距离为 800 mm,结果如图 2.72 所示。

图 2.70 附加二维线形   图 2.71 挤出造型   图 2.72 复制"椅子支撑"

说明:"椅子支撑"之间的距离是通过在顶视图中绘制了一个 10 mm ×800 mm 的辅助矩形来准确控制的,位置正确后将辅助矩形删除即可。

⑦在左视图中绘制一个 35 mm ×100 mm 的矩形,命名为"横梁",位置如图 2.73 所示。

⑧将造型挤出 1 800,然后为造型添加【Editable Poly】(编辑多边形)修改,进入【Edge】(边)层级,按【Ctrl + A】键全选所有的边,单击【Chamfer】(切角)旁边的口按钮,设置【Chamfer Amount】(切角量)为 5,结果如图 2.74 所示。

⑨将"横梁"复制 6 个,分别进行移动和旋转操作,最终位置如图 2.75 所示。

⑩造型的最终渲染如图 2.76 所示,命名为"室外长椅.max"。

图 2.73 绘制矩形   图 2.74 编辑横梁   图 2.75 复制横梁   图 2.76 室外长椅造型
并调整角度

子任务 2 【Lathe】(车削)建模

1)制作喷泉水池模型

①单击 按钮,选择【Line】(直线)命令,在前视图中绘制二维线形,如图 2.77 所示。

②打开【Modify】(修改)命令面板,在【Selection】(选择)卷展栏中单击【Vertex】(顶点)按钮,调整二维线形的形状,如图2.78所示。

③在【Modify List】(修改器列表)下拉列表中选择【Lathe】(车削)命令旋转图形,在【Align】(对齐)选项区域中单击【Min】(最小)按钮,生成喷泉水池模型,渲染透视图结果如图2.79所示,命名为"喷泉水池.max"。

2)制作草坪灯模型

①单击【Line】(线)命令,在前视图绘制一条二维线形,命名为"灯帽",如图2.80所示。

图2.77　绘制的　　　图2.78　编辑顶点　　　　　图2.79　喷泉水池　　　　　图2.80　绘制的二维线形
　　　二维线形　　　　　　后的形状

②在【Modify List】(修改器列表)下拉列表中选择【Lathe】(车削)命令旋转图形,在【Align】(对齐)选项区域中单击【Min】(最小)按钮,设置【Segments】(分段)为30,得到草坪灯的灯帽造型,如图2.81所示。

③参照灯帽的大小,单击【Line】(线)命令,在前视图中绘制出灯芯、灯罩和灯座的二维线形,分别命名为"灯芯""灯罩"和"灯座",如图2.82所示。

图2.81　车削生成灯帽　　(a)灯芯的二维线形　　(b)灯罩的二维线形　　(c)灯座的二维线形

图2.82　"灯芯""灯罩"和"灯座"的二维线形

④对上面的三个线形分别添加【Lathe】(车削)命令,然后复制、调整至合适的位置,得到整体灯芯造型,如图2.83所示。

⑤单击【Line】(线)命令,在前视图中绘制一条二维线形,命名为"支架",如图2.84所示。

⑥对支架线形挤出10,然后通过【Array】(阵列)工具得到其余的3个造型,完成草坪灯的支架制作,如图2.85所示。

⑦在顶视图中创建一个半径为15 mm、高度为200 mm的圆柱体,命名为"灯柱",放置到草坪灯的中心位置,完成草坪灯的制作。渲染透视图,如图2.86所示,命名为"台式草坪灯.max"。

图2.83　整体灯芯　　　图2.84　绘制的　　　图2.85　草坪灯　　　图2.86　草坪灯
　　　造型　　　　　　　二维线形　　　　　支架的位置　　　　渲染效果

子任务 3　【Loft】(放样)建模

1) 单截面放样——制作振动弹簧模型

①单击 ⚙/【Helix】(螺旋线)命令,在顶视图中创建一个螺旋线,设置参数如图 2.87 所示。

②单击 ⚙/【Circle】(圆)命令,在顶视图中创建一个半径为 3 mm 的圆,如图 2.88 所示。

③选择螺旋线,单击创建面板中的 ▣ 按钮,选择【Compound Objects】(复合对象)选项,单击卷展栏下的【Loft】(放样)命令,在打开的【Creation Method】(创建方法)卷展栏下单击【Get Shape】(获取图形)按钮,如图 2.89 所示。

④在视图中拾取圆,结果如图 2.90 所示。

⑤单击工具栏中的 ▣ 按钮,快速渲染透视图,弹簧效果如图 2.91 所示。命名为"振动弹簧.max"。

图 2.87　设置　　图 2.88　创建圆　　图 2.89　　　　图 2.90　放样后　　图 2.91
螺旋线参数　　　　　　　　　　　　放样操作　　　　得到的图形　　　　渲染效果

2) 多截面放样——制作茶杯模型

①重置系统,单击【Line】(线)命令,在前视图中绘制如图 2.92 所示的图形。

②进入【Spline】(样条线)子对象级,设置【Outline】(轮廓)数值为正值,为其设置外轮廓,如图 2.93 所示。

③施加【Lathe】(车削)命令旋转图形,在【Parameters】(参数)卷展栏中将【Segments】(分段)设置为 30,单击【Direction】(方向)区域中的 Y 轴,并选择【Align】(对齐)区域中的【Min】(最小)按钮,完成茶杯造型,如图 2.94 所示。

④单击【Line】(线)命令,在前视图中绘制如图 2.95 所示的图形,作为把手的路径图形。

⑤单击【Ellipse】(椭圆)命令,在左视图中绘制 3 个椭圆形,选择【Modify】(修改)✏/【Modifier List】(修改器列表)/【Edit Spline】(编辑样条线)修改器,进入【Vertex】(顶点)子对象级,分别将其修改至如图 2.96 所示的形状,作为茶杯把手的截面图形。

图 2.92　　图 2.93　轮廓　　图 2.94　车削　　图 2.95　把手路径图形　　图 2.96　把手的
二维线形　　　　　　　　　　　　　　　　　　　　　　　　　　　　　　　　放样路径

⑥选择"把手路径"图形,施加【Loft】(放样)命令,在【Creation Method】(创建方法)卷展栏中单击【Get Shape】(获取图形)按钮,然后在左视图中单击位于上方的椭圆形图形,结果如图 2.97 所示。

⑦在【Path Patameters】(路径参数)卷展栏中的【Path】(路径)输入框中输入10,然后再单击【Get Shape】(获取图形)按钮,并在视图中选择中间的图形,即在路径的10%位置处加入一个截面图形,如图2.98所示。

⑧在【Path】(路径)输入框中输入90,单击【Get Shape】(获取图形)按钮,并在视图中再次选择中间的图形,如图2.99所示。

图2.97 获取图形　　　　　图2.98 在路径的10%　　　　　图2.99 在路径的90%
　　　　　　　　　　　　　　　处拾取图形　　　　　　　　　　处拾取图形

⑨在【Path】(路径)输入框中输入100,单击【Get Shape】(获取图形)按钮,在视图中选择底部的图形,完成茶杯把手的放样,如图2.100所示。

⑩在修改器堆栈列表中,单击【Loft】(放样)前面的"+"号,从中选择【Shape】(图形)项,在视图中框选"把手",即选择了3个截面,在【Select and Rotate】(选择并旋转)工具上单击鼠标右键,在左视图中沿X轴将4个图形旋转–90°,设置如图2.101所示。

⑪在视图中选择放样对象两端的截面图形,在前视图中沿Y轴将其旋转–40°。

⑫确认把手两端的图形仍然处于选择状态,选择工具栏中的【Select and Unifiom Scale】(选择并均匀缩放)命令,按下鼠标右键,在弹出的对话框中设置参数如图2.102所示。

图2.100 在路径的100%　　　图2.101 参数设置　　　图2.102 参数设置　　　图2.103 茶杯造型
　　　　处拾取图形

⑬关闭【Shape】(图形)次物体级,然后使用工具栏中的【Select and Move】(选择并移动)工具在视图中调整把手的位置,完成茶杯模型的制作,最终渲染效果如图2.103所示,命名为"茶杯.max"。

3)多截面放样——制作花瓶模型

①在前视图中绘制一条长度约为310 mm的垂线,作为放样路径。

②在顶视图中绘制一个星形,命名为"星形01",参数设置及形态如图2.104所示。

③在前视图中将"星形01"以【Copy】(复制)方式沿Y轴向上移动复制一个,得到"星形02",调整其参数及在视图中的位置如图2.105所示。

图 2.104　"星形 01"的参数设置及形态

图 2.105　"星形 02"的参数设置及形态

④在前视图中将"星形 02"以【Copy】（复制）方式沿 Y 轴向上移动复制一个,得到"星形 03",位置如图 2.106 所示。

⑤在前视图中选择"星形 01",将其以【Copy】（复制）方式沿 Y 轴向上移动复制一个,得到"星形 04",位置如图 2.107 所示。

图 2.106　"星形 03"的位置

⑥在前视图中选择任意一个星形,将其以【Copy】（复制）方式沿 Y 轴向上移动复制一个,得到"星形 05",调整其参数及在视图中的位置如图 2.108 所示。

图 2.107　"星形 04"的位置

图 2.108　"星形 05"的参数设置及位置

⑦在视图中选择放样路径,用和上例相同的方法,将其与"星形 01"截面进行放样,放样后的造型形态如图 2.109 所示。

⑧在【Path Parameters】（路径参数）卷展栏中设置【Path】（路径）值为 4,然后拾取"星形 02"截面,进行二次放样,结果如图 2.110 所示。

⑨用同样的方法,再在【Path Parameters】（路径参数）卷展栏中设置【Path】（路径）值为 4.5,拾取"星形 03"截面;设置【Path】（路径）值为 12.5,拾取"星形 04"截面;设置【Path】（路径）值为 42,拾取"星形 05"截面,进行多次放样,最终结果如图 2.111 所示,命名为"花瓶.max"。

图 2.109　直线与"星形 01"截面进行
放样后的形态

图 2.110　"星形 02"截面进行二次
放样后的形态

图 2.111
最终放样结果

4）多截面放样——制作欧式柱模型

图 2.112
圆和星形

①在顶视图中绘制一个【Radius】（半径）为 200 mm 的圆,再绘制一个【Radius1】（半径 1）为 200 mm,【Radius2】（半径 2）为 190 mm,【Points】（点）为 30 mm,【Fillet Radius1】（圆角半径 1）为 6 mm,【Fillet Radius2】（圆角半径 2）为 2 mm 的星形,如图 2.112 所示。

②在前视图中绘制一条长度约 2 000 mm 的垂线,如图 2.113 所示。

图 2.113　　图 2.114　　图 2.115　　图 2.116

垂线　　　放样　　获取星形　生成的造型

③选择直线,单击【Loft】(放样)按钮,再单击【Get Shape】(获取图形)按钮,在顶视图中单击圆,生成放样物体,如图 2.114 所示。

④在【Path Parameters】(路径参数)卷展栏下的【Path】(路径)右侧窗口中输入 10,再次单击【Get Shape】(获取图形)按钮,在顶视图中再单击圆形,确保位于柱子 10% 的位置是圆形,再输入12,获取星形,造型的形态如图 2.115 所示。

⑤再次输入 88,获取星形,确保位于柱子 88% 的位置是星形,最后输入 90,获取圆形,生成的造型如图 2.116 所示。

⑥单击修改面板下端的【Deformations】(变形)卷展栏下的【Scale】(缩放)按钮,弹出【Scale Deformation】(缩放变形)对话框,在控制线的左端添加 6 个点,调整它的形态,在右面再添加 6 个点,调整形态,如图 2.117 所示。

图 2.117　　调整【Scale Deformation】　　图 2.118　欧式柱渲染效果
　　　　　　(缩放变形)对话框

⑦渲染透视图,欧式柱效果如图 2.118 所示,命名为"欧式柱.max"。

> 说明:二维物体放样建模是生成三维模型的一个重要手段,放样建模至少需要两个二维图形,一个用来定义物体的放样路径,另一个用来定义三维物体放样的截面图形。放样截面可以是一个也可以是多个,形态和数量没有限制,而放样路径只有一个,路径本身可以是开放的线段,也可以是封闭的图形。

子任务 4　【bevel】(倒角)建模

1)创建倒角文字

图 2.119　创建文本　　　图 2.120　参数设置

①单击 按钮,选择【Text】(文本)命令,在【Parameters】(参数)卷展栏下选择字体样式,输入字体的【Size】(大小)为100,并在【Text】(文本)文本框中输入文字内容为"3ds Max 9",然后在前视图中单击鼠标创建文本对象,如图 2.119 所示。

②在【Modify List】(修改器列表)下拉列表中选择【Bevel】(倒角)修改器,倒角参数设置

如图 2.120 所示。

③单击工具栏中的 按钮,快速渲染透视图,效果如图 2.121 所示,命名为"倒角文字. max"。

图 2.121　最终渲染效果

2)制作木门

①重置系统,设置单位为"mm"。

②单击【Rectangle】(矩形)按钮,在前视图中创建一个 450 mm×350 mm 的矩形,如图 2.122 所示。

③选择矩形,选择【Edit Spline】(编辑样条线)修改编辑器,并单击次对象【Spline】(样条线)按钮,向上拖动参数面板,从中找到【Outline】(轮廓)工具,将其后面的参数修改为 50,如图 2.123 所示。

图 2.122　绘制的矩形

图 2.123　轮廓后

图 2.124　选择小矩形的两个顶点

④单击次对象【Vertex】(顶点)按钮,框选最里侧小矩形的上面两个顶点,如图 2.124 所示。

⑤在 按钮上单击右键,弹出对话框,在最右侧的 Y 轴文本栏中输入 -80,如图 2.125 所示,按【Enter】(回车)键,此时选择的两个顶点向下移动 80 mm。

⑥单击【Refine】(优化)按钮,在小矩形的上边正中位置增加一个节点。选择该节点,然后右击 按钮,在弹出的对话框中,在最右侧的 Y 轴文本栏中输入 60,按【Enter】(回车)键,节点向上移动 60 mm。

⑦按住 F5 键(锁定 X 轴),将该节点两边的杠杆柄水平向左右两边拉长,使图形更圆滑一些,如图 2.126 所示。

⑧再次单击次对象【Spline】(样条线)按钮,选择里侧的矩形使其变红色,轮廓 20,矩形的里侧又多了一条轮廓线,如图 2.127 所示。

⑨关闭次对象的编辑。单击【Modify】(修改)按钮,从弹出的修改器列表中选择【Bevel】(倒角)修改器,并如图 2.128 所示进行参数设置。

⑩在前视图中绘制一个 450 mm×350 mm×10 mm 的长方体,作为门的背板,渲染效果如图 2.129 所示,命名为"木门. max"。

图 2.125　参数设置

图 2.126　调整节点的杠杆柄

图 2.127　再次创建轮廓线

图 2.128　参数设置

图 2.129　木门渲染效果

3)制作建筑基础

①单击【Rectangle】(矩形)命令,在顶视图中绘制一个 4 000 mm×5 000 mm 的矩形,如图 2.130 所示。

②进入修改命令面板,单击【Bevel】(倒角)命令,调整倒角值,如图 2.131 所示。形成建

筑基础如图2.132所示。

图2.130　创建的矩形　　　图2.131　参数设置　　　图2.132　建筑基础

③单击【Line】(线)命令,在左视图中绘制表示台阶的二维线形,如图2.133所示。

④确认台阶二维线形处于被选择状态,挤出1 000,移动到合适的位置,结果如图2.134所示。

⑤渲染透视图,结果如图2.135所示,命名为"建筑基础.max"。

图2.133　台阶二维线形　　　图2.134　建筑基础　　　图2.135　建筑基础的渲染效果

子任务5　【Bevel Profile】(倒角剖面)建模

1)制作建筑外观模型

①调用【Line】(线)命令,在前视图中创建如图2.136所示的线形。

②调用【Rectangle】(矩形)命令,在顶视图中创建一个矩形,如图2.137所示。

③确认矩形处于被选择状态,进入修改命令面板,单击【Bevel Profile】(倒角剖面)命令,在【Parameters】(参数)卷展栏下单击【Pick Profile】(拾取剖面)按钮,在视图中点选线形,产生一建筑外观模型,渲染透视图,如图2.138所示,命名为"建筑外观.max"。

2)制作五角星模型

①单击【Star】(星形)命令,在顶视图中创建一个星形,参数设置及创建的星形如图2.139所示。

图2.136　创建的线　　图2.137　创建的矩形　　图2.138　　　　图2.139　参数设置及
　　　　　　　　　　　　　　　　　　　　　　建筑外观模型　　　　创建的星形

②单击【Line】（线）命令，在前视图中创建一条垂线，如图 2.140 所示。

③选择星形，单击【Bevel Profile】（倒角剖面）命令，在【Parameters】（参数）卷展栏下单击【Pick Profile】（拾取剖面）按钮，在视图中点选垂线，结果如图 2.141 所示。

④在左视图中选择线，进入顶点级别，选择上面的顶点，如图 2.142 所示。

图 2.140　绘制的垂线　　图 2.141　倒角剖面后

⑤右键激活顶视图，移动选择的顶点，结果如图 2.143 所示。

⑥渲染透视图，如图 2.144 所示，命名为"五角星.max"。

图 2.142　选择上面的顶点　　　　图 2.143　移动顶点　　　　图 2.144　五角星模型渲染效果

子任务 6　【Terrain】（地形）建模

①单击【Line】（线）命令，在顶视图中创建一组等高线，如图 2.145 所示。等高线间距离越近表示地形越陡峭，反之则越平缓。

②在前视图中向上移动等高线，确定地形将要生成的高度，如图 2.146 所示。

③选择最外圈的等高线，然后单击 ◙ /【Compound Objects】（复合物体）/【Terrain】（地形）按钮，再单击【Pick Operand】（拾取操作对象）按钮，在视图中从下往上依次拾取等高线，结果如图 2.147 所示。

图 2.145　绘制的等高线　　　　图 2.146　移动等高线　　　　图 2.147　生成的地形

可以看出，生成的地形是独立于等高线之外的物体。如果在【Pick Operand】（拾取操作对象）时，选择的是参考方式，修改等高线形状将影响新生成的模型。

④选择修改器列表中的【Mesh Smooth】（网格平滑）命令，调节【subdivision Amount】（细分量）中的【Smoothness】（平滑度）可以改变地形的平滑度，选择【Edit Mesh】（编辑网格）命令还可以调节坡度和走向。

巩固训练

1. 绘制如图 2.148 所示的牌匾模型。提示：先绘制椭圆形和文字，将文字复制一个。将一个文字和椭圆形附加到一起，然后分别挤出。

2. 用【Extrude】（挤出）命令绘制如图 2.149 所示的简易桥模型。

3. 用【Extrude】（挤出）命令绘制如图 2.150 和图 2.151 所示的两款室外长椅模型。

4. 用【Extrude】（挤出）命令绘制如图 2.152 所示的拱形桥模型。

| 图 2.148 | 图 2.149 | 图 2.150 | 图 2.151 | 图 2.152 |
| 牌匾模型 | 简易桥模型 | 室外长椅 | 室外长椅 | 拱形桥模型 |

5. 绘制如图 2.153 所示的路灯模型。提示：路灯的灯杆使用【Lathe】（车削）命令。

6. 绘制如图 2.154 所示的国际象棋模型。提示：主要用到的修改器有【Extrude】（挤出）、【Lathe】（车削）等。

7. 绘制如图 2.155 所示的花盆模型。提示：使用【Lathe】（车削）命令，图案暂时不用表现，绘制出模型即可。

8. 用【Loft】（放样）命令，绘制如图 2.156 所示的相框。

9. 用【Bevel Profile】（倒角剖面）命令，绘制一个如图 2.157 所示的古建筑模型。

| 图 2.153 | 图 2.154　国际象棋模型 | 图 2.155 | 图 2.156 | 图 2.157　古建筑模型 |
| 路灯模型 | | 花盆模型 | 相框模型 | |

10. 输入任意文字，使用【Bevel】（倒角）命令，将其做成倒角文字，自己设置参数。

11. 使用【Terrain】（地形）命令随意创建一个地形。

任务 4　三维修改器建模的操作技能

> 说明：三维修改器是建模过程中使用比较频繁的工具。在制作模型的过程中，创建的三维物体只是一个雏形，几乎都要使用修改器进行深加工。三维修改器既能更改对象的几何形状及属性，又可以在对象空间中对几何体的内部结构进行调整。

子任务 1　【Bend】（弯曲）修改器建模

1）制作旋转滑梯模型

①单击【Rectangle】（矩形）命令，在前视图中绘制一个 50 mm × 100 mm 的矩形，如图

2.158所示。

②选择【Edit Spline】（编辑样条线）命令，单击次对象【Segment】（线段）级别，在前视图中点选矩形的顶边，按下【Delete】键将其删除，如图2.159所示。

③进入次对象【Spline】（样条线）级别、轮廓−5，如图2.160所示。

④退出次物体。挤出600，【Segments】（分段）数为50，如图2.161所示。挤出结果如图2.162所示。

图2.158　绘制的矩形　　图2.159　删除选择的线段　　图2.160　轮廓后　　图2.161　参数设置

⑤单击 ↻ 工具，在左视图中将挤出的对象旋转一定的角度，如图2.163所示。

⑥施加【Bend】（弯曲）命令，在堆栈列表中单击【Bend】（弯曲）修改器前面的"＋"号，进入它的【Gizmo】（线框）子对象级别，在左视图中旋转Gizmo线框（黄色的）至水平状态，如图2.164所示。

图2.162　挤出结果　　　　图2.163　旋转挤出的对象　　　　图2.164　旋转Gizmo线框

⑦设置【Bend】（弯曲）修改器下的【Angle】（角度）值为200，如图2.165所示。出现旋转滑梯效果，渲染透视图如图2.166所示，命名为"旋转滑梯.max"。

2）制作扇子模型

①单击【Line】（线）命令，在顶视图中绘制一条水平线段，命名为"扇子"，如图2.167所示。

图2.165　参数设置　图2.166　旋转滑梯渲染效果

②选择直线，单击 🖉 按扭，单击 ▥ Line 前面的 🛨（加号），单击次对象【Segment】（线段）选项，选择直线使其变红色，在【Divide】（拆分）按钮后面输入25，然后单击【Divide】（拆分）按钮，视图中的直线出现很多节点，如图2.168所示。

图2.167　绘制一条水平的直线　　　　　图2.168　拆分的点

③单击次对象【Vertex】（顶点），按住【Ctrl】键，隔一个点选择一个，如图2.169所示。

④单击 ✛ 按钮，在顶视图中锁定Y轴移动选择的点，使直线变成折线，如图2.170所示。

图2.169　选择的点　　　　　　图2.170　移动选择的点

图2.171　轮廓后

⑤单击次对象【Spline】（样条线），选择折线，轮廓1，直线变成了厚度为1的闭合线形，退出次物体，结果如图2.171所示。

图2.172　挤出后

图2.173　骨架的位置

⑥挤出160，结果如图2.172所示。

⑦单击【Box】(长方体)按钮，在左视图中创建一个150 mm×6 mm×0.2 mm长方体，命名为"骨架"，位置如图2.173所示。

⑧在顶视图中对骨架进行旋转、移动，复制25个，位置如图2.174所示。

⑨同时选择视图中所有的造型，选择【Bend】(弯曲)命令，参数设置及效果如图2.175所示。

图2.174　所有骨架的位置

⑩观察发现，扇子的形状不合适。单击右侧面板中 ⊞ Bend 前面的 ⊞ (加号)，单击次对象【Gizmo】(线框)选项，在前视图中沿Y轴上下移动范围框，直至扇子的形状合适为止，渲染透视图，结果如图2.176所示，命名为"扇子.max"。

子任务2　【Taper】(锥化)修改器建模

1)制作石桌石凳模型

①单击【Create】(创建) /【Geometry】(几何体) /【Extended Primitives】(扩展基本体)/【ChamferCyl】(切角圆柱体)按钮，在顶视图中创建一个切角圆柱体，命名为"石桌"，参数设置如图2.177所示。

图2.175　参数设置及效果　　图2.176　扇子渲染效果

②在【Modify List】(修改器列表)中选择【Taper】(锥化)命令，设置参数如图2.178所示，效果如图2.179所示。

③在顶视图中将"石桌"复制一个，命名为"石凳"，修改其半径为200 mm，高度为400 mm，如图2.180所示。

图2.177　参数设置及结果　　　图2.178　参数设置　　图2.179　锥化结果　　图2.180　石凳的位置

图2.181　石桌、石凳渲染效果

④在顶视图中用阵列或者旋转复制的方法再生成5个石凳，渲染透视图，如图2.181所示，命名为"石桌石凳.max"。

2)制作走廊模型

①在透视图中创建一个半径为10 mm、高度为20 mm的圆柱体。

②在【Modify List】(修改器列表)中选择【Taper】(锥化)命令，为圆柱体添加锥化修改，在【Parameters】(参数)卷展栏中设置

【Amounts】(数量)值为0.8,【Curve】(曲线)值为0.89,锥化效果如图2.182所示。

③在前视图中将圆柱体以【Copy】(复制)方式向上移动复制一个,并在【Parameters】(参数)卷展栏中修改其【Amounts】(数量)值为0,【Curve】(曲线)值为－1.67,调整位置如图2.183所示。

④在前视图中将圆柱体以【Copy】(复制)方式向上移动复制一个,并在【Parameters】(参数)卷展栏中修改其【Amounts】(数量)值为0,【Curve】(曲线)值为1.2,调整位置如图2.184所示。

⑤在前视图中将第二个圆柱体以【Copy】(复制)方式向上移动复制一个,调整位置如图2.185所示。

⑥在透视图中创建一个长度、宽度、高度均为20 mm的长方体,然后使其底面对齐最上面圆柱体的顶面,如图2.186所示。

图2.182 锥化效果　图2.183　　　图2.184　　　图2.185　　　图2.186
　　　　　　　　　造型的位置　造型的位置　造型的位置　造型的位置

⑦在顶视图中将所有物体以【Instance】(实例)的方式沿X轴向右移动复制8个,并在其顶部创建一个50 mm×1 100 mm×10 mm的长方体,形成栏杆形态,如图2.187所示。

⑧在顶视图栏杆的两侧分别创建一个半径为30 mm、高度为500 mm的圆柱体,作为柱子。

⑨在透视图中创建一个半径为30 mm、高度为60 mm的圆柱体作为柱础,并为其添加【Taper】(锥化)修改,【Amounts】(数量)值为0,【Curve】(曲线)为2.96,位置及形态如图2.188所示。

⑩在顶视图中将整个造型沿Y轴向下复制一个,最终渲染效果如图2.189所示,命名为"走廊.max"。

图2.187　栏杆的形态　图2.188　造型的位置　图2.189　走廊渲染效果

说明:【Taper】(锥化)修改命令是通过缩放物体的两端而产生锥形轮廓,同时还可以生成光滑的曲线轮廓,通过调整锥化的倾斜度及轮廓弯曲度,可以得到各种不同的锥化效果,另外,通过【Limit】(限制)参数的设置,锥化效果还可以被限制在一定区域内。

子任务3 【Noise】(噪波)修改器建模

1)制作山形模型

①单击【Box】(长方体)命令,在顶视图中创建一个长方体,参数设置及形态如图2.190

所示。

②在【Modify List】(修改器列表)中选择【Noise】(噪波)命令,在【Parameters】(参数)卷展下设置【Scale】(比例)为78,勾选【Fractal】(分形)选项,设置【Iterations】(迭代次数)为10,调整【Strength】(强度)选项组下的Z轴为100,噪波参数设置和结果如图2.191所示。

③单击工具栏中的 🔘 按钮,快速渲染透视图,观察制作的模型效果,如图2.192所示,命名为"山形.max"。

图2.190　长方体的参数设置及形态

图2.191　【Noise】(噪波)参数
设置及结果

图2.192
山形渲染效果

2)制作褶皱的纸张模型

①单击【Plane】(平面)按钮,在顶视图中创建一个平面,参数设置及结果如图2.193所示。

②选择【Noise】(噪波)命令,在【Parameters】(参数)卷展下设置适当的参数,则噪波修改后的平面效果如图2.194所示。

③单击工具栏中的 🔘 按钮,快速渲染透视图,可以观察制作的模型效果,如图2.195所示是赋予材质后的效果,命名为"褶皱的纸张.max"。

图2.193　参数设置及结果

图2.194　参数设置及结果

图2.195　褶皱的纸张
渲染效果

说明:【Noise】(噪波)命令用于沿着三个轴向的任意组合调整对象顶点的位置,在不破坏对象表面细节的情况下,使对象的表面突起、破裂和扭曲,常用于制作山峰、沙丘和波浪等模型对象。

子任务4　【Lattice】(晶格)修改器建模

1)制作钢架模型

①在前视图中创建一个20 mm×280 mm×20 mm的长方体,并将其【Width Segs】(宽度分段)值设为14。

②在【Modify List】(修改器列表)中选择【Edit Mesh】(编辑网格)命令,为其添加编辑网格修改。

③单击【Selection】(选择)面板中的 ◁ (边)按钮,在前视图中选择所有的边(变红色),

单击【Surface Properties】（曲面属性）面板中的【Visible】（可见）按钮，显示所有的边，效果如图2.196所示。

图2.196　显示边前后的形态比较

④再次单击 （边）按钮，使其关闭。

⑤在【Modify List】（修改器列表）中选择【Lattice】（晶格）命令，为长方体添加晶格修改命令，【Parameters】（参数）面板中的参数设置如图2.197所示，晶格效果如图2.198所示。

⑥将晶格物体旋转复制两个，分别摆在原物体的两端，效果如图2.199所示，命名"钢架.max"。

图2.197　参数设置　　　　图2.198　晶格效果　　　　图2.199　渲染效果

2）制作钢结构模型

①单击【Box】（长方体）命令，在顶视图中创建一个长方体，长方体的形态及参数设置如图2.200所示。

②在【Modify List】（修改器列表）中为长方体添加一个【Lattice】（晶格）命令，调整各项参数，如图2.201所示，此时长方体的效果如图2.202所示。

③在【Modify List】（修改器列表）中执行【Taper】（锥化）命令，设置参数如图2.203所示。最终效果如图2.204所示，命名为"钢结构.max"。

图2.200　长方体的形态　　图2.201　　图2.202　　图2.203　　图2.204
　　　　及参数设置　　　参数设置　晶格后的效果　参数设置　钢结构效果

说明：【Lattice】（晶格）修改命令可以根据网格物体的线框结构化。线框的交叉点转化为球形节点物体，线框转化为连接的圆柱形支柱物体，常用于制作钢架建筑结构的效果显示。物体的各顶分段决定模型支架及节点数，所以制作之前，应该合理设置分段数值。

子任务5　FFD 修改器建模

制作书模型

①在顶视图中创建一个长方体,参数设置如图 2.205 所示。

②在【Modify List】(修改器列表)中选择【FFD(box)】(FFD 长方体)命令,在【FFD Parameters】(FFD 参数)卷展栏下单击【Set Number of Point】(设置点数)按钮,在弹出的【Set FFD Dimensions】(设置 FFD 尺寸)对话框中设置参数和结果如图 2.206 所示,然后单击【OK】按钮。

③在修改器堆栈中进入 FFD 的【Control Points】(控制点)子层级,在前视图中使用框选的方式选择中间 3 列(除去底行)控制点,使用工具栏中的 ✛(移动)工具,将选择的控制点向上移动 8 个单位,如图 2.207 所示。

图 2.205　参数设置　　　　图 2.206　参数设置及结果　　　　图 2.207　移动控制点

④按住 Alt 键在前视图中将右侧一列的控制点减去选择,再将选择的控制点沿 Y 轴向上移动 8.8 个单位,如图 2.208 所示。

⑤同样,按住 Alt 键在前视图中将右侧一列的控制点取消选择,再将选择的控制点沿 Y 轴向上移动 5.7 个单位,如图 2.209 所示。

⑥在前视图中将最左侧的控制点向下移动到如图 2.210 所示的位置。

图 2.208　控制点向上移　　　图 2.209　控制点向上移　　　图 2.210　控制点
　　　动 8.8 个单位　　　　　　　动 5.7 个单位　　　　　　　向下移动

⑦在前视图中将最右侧的控制点向下移动到如图2.211所示的位置。

⑧退出【Control Points】(控制点)子层级。

⑨在前视图中选择调整好的长方体造型,单击 ▶️(镜像)按钮,将其沿 X 轴以【Instance】(实例)的方式镜像复制一个,调整其位置如图 2.212 所示。

⑩渲染透视图,图 2.213 所示为赋予材质后的效果,命名为"书模型.max"。

图 2.211　移动控制点　　　　图 2.212　镜像复制　　　　　图 2.213　书模型
　　　　　　　　　　　　　　　　　　　　　　　　　　　　　　渲染效果

说明:【FFD】(自由形式变形器)命令的主要编辑方法是通过使用工具栏上的旋转、移动、缩放等工具来调整各个控制点的位置,从而改变对象的外观形状。

子任务6 复合对象建模

复合对象是指将已有的对象复合,构成新的对象模型。在建模过程中,许多对象都是由基本形状的对象演变而成,或是由不同形状的基本对象复合形成。创建复合对象的命令有【Scatter】(散布)、【Connect】(连接)、【ShapeMerge】(图形合并)、【Boolean】(布尔)等10种。

1)【Boolean】(布尔)——制作古钱币模型

①在顶视图中创建一个圆柱体,参数设置如图2.214所示。

②在顶视图中创建一个20 mm×20 mm×40 mm的长方体,位置如图2.215所示。

③选择圆柱体,在几何体创建命令面板中单击【Compound Objects】(复合对象)/【Boolean】(布尔)命令,然后单击【Pick Operand B】(拾取操作对象B)按钮,在场景中用鼠标点选长方体,结果如图2.216所示,命名为"古钱币.max"。

图2.214 参数设置　　图2.215 造型的位置　　图2.216 古钱币结果

说明:布尔运算就是将两个物体进行差集、交集和并集运算,生成独立物体的运算方法。

2)【Boolean】(布尔)——制作花瓶模型

①重置系统,将系统单位设置为"mm"。

②单击　/　/【Extended Primitives】(扩展基本体)/【ChamferCyl】(切角圆柱体)按钮,在顶视图中创建一个切角圆柱体,命名为"花瓶内",参数设置和图形如图2.217所示。

③单击【修改】　按钮,选择【FFD(Box)】[FFD(长方体)]修改器,单击【FFD Parameters】(FFD参数)卷展栏下的【Set Number of Points】(设置点数)按钮,弹出【Set FFD Dimensions】(设置FFD尺寸)对话框,设置长、宽、高分别为2、2、4,如图2.218所示。

④按【1】键进入【Control Points】(控制点)层级,分别在顶视图、前视图中用缩放或者移动命令调整控制点的位置,如图2.219所示。

⑤单击　按钮,选择【Twist】(扭曲)修改器,在【Parameters】(参数)卷展栏下,设置【Angle】(角度)为120、【Bias】(偏移)为0、【Twist Axis】(扭曲轴)为默认的Z轴,结果如图2.220所示。

图2.217　切角圆柱体　图2.218　参数设置　图2.219　调整控制点的位置　图2.220　扭曲修改
及参数设置

⑥单击 /【Star】(星形)按钮,在顶视图中创建一个星形,命名为"花瓶外",设置参数如图2.221所示。

⑦为星形添加【Extrude】(挤出)修改,数量为390,如图2.222所示。

> 说明:添加【Twist】(扭曲)修改器的原因是为避免在布尔运算时出错。也可以试着省去这一步,直接与下面制作的扭曲星形执行布尔运算。

⑧为"花瓶外"造型再添加【Twist】(扭曲)修改,在【Parameters】(参数)卷展栏下,设置【Angle】(角度)为120、【Bias】(偏移)为0、【Twist Axis】(扭曲轴)为默认的Z轴,结果如图2.223所示。

⑨为"花瓶外"造型添加【Taper】(锥化)修改,在【Parameters】(参数)卷展栏下设置【Amount】(数量)为－0.25、【Curve】(曲线)为0、【Taper Axis】(锥化轴)为默认设置,如图2.224所示。锥化结果如图2.225所示。

图2.221　星形及参数设置　　　图2.222　挤出　　　图2.223　扭曲　　图2.224　参数
设置

⑩在顶视图中,选择两个造型的任意一个,单击 【Align】(对齐)工具按钮,拾取另一个造型,在【Align Selection】(对齐当前选择)对话框中设置参数,如图2.226所示。

⑪在前视图中,将"花瓶内"造型向上移动一定的距离,如图2.227所示。

⑫选择"花瓶外"造型,单击 / /【Compound Objects】(复合对象)/【Boolean】(布尔)命令,在【Operation】(操作)选项区域中选择【Subtraction(A-B)】(差集(A-B))按钮,然后单击【Pick Operand B】(拾取操作对象B)按钮,在视图中拾取"花瓶内",生成花瓶造型,渲染效果如图2.228所示,命名为"花瓶.max"。

图2.225 锥化　　图2.226 对齐设置　　图2.227 造型的位置　　图2.228 花瓶模型渲染效果

3)【ProBoolean】(超级布尔)——制作垃圾桶模型

①单击【Cylinder】(圆柱体)命令在顶视图中创建一个圆柱体,作为垃圾桶的主体部分,参数设置如图2.229所示。

②将圆柱体转换为【Editable Poly】(可编辑多边形),按【4】键进入■【Polygon】(多边形)子层级,选择圆柱体最上层的面,按【Delete】键将其删除,如图2.230所示。

③退出次物体,进入修改面板,为其添加【Shell】(壳)修改器,在【Parameters】(参数)卷展栏下设置其【Inner Amount】(内部量)为4,如图2.231所示。产生厚度,如图2.232所示。

④将模型转换为【Editable Poly】(可编辑多边形),按【2】键进入【◁ Edge】(边)层级,选择模型上部内外边线(变红色)如图2.233所示,使用【Chamfer】(切角)命令为其设置切角数量为1,结果如图2.234所示。

图2.229　　　图2.230　　　图2.231　　　图2.232　　　图2.233
圆柱及参数设置　删除面　　参数设置　　产生厚度　　选择边线

⑤制作垃圾桶桶身镂空。在顶视图中创建一个100 mm×100 mm×20 mm的长方体,位置如图2.235所示。

图2.234　设置切角数量及结果　　图2.235　长方体的位置

⑥选择长方体,单击器按钮进入【Hierarchy】(层次)面板,按下【Affect Pivot Pnly】(仅影响轴)按钮,使用移动工具在顶视图中将长方体的轴心移动到垃圾桶的中心,如图2.236所示。

调整完成后,再次单击【Affect Pivot Pnly】(仅影响轴)按钮,使其弹起,退出轴心调整。

⑦确认顶视图处于激活状态,单击【Array】(阵列)命令,阵列参数设置如图2.237所示,阵列结果如图2.238所示。

⑧选择垃圾桶模型,单击 /【Compound Objects】(复合对象)/【ProBoolean】(超级布尔)命令进入超级布尔面板,单击【StarPicking】(开始拾取)按钮,在视图中依次单击阵列后的长方体,渲染透视图,效果如图2.239所示,命名为"垃圾桶.max"。

图2.236　移动轴心至桶心位置

图2.237　阵列参数设置

图2.238　阵列结果

图2.239　垃圾桶渲染效果

说明:【ProBoolean】(超级布尔)工具可以连续进行布尔运算操作,生成的物体面数少,没有多余的线条,运行稳定。

4)【Scatter】(散布)——制作草地模型

图2.240　创建的平面

①单击【Plane】(平面)命令,在顶视图中创建一个4 200 mm×4 200 mm的平面,命名为"地面",如图2.240所示。

②在前视图中再创建一个120 mm×60 mm的平面,命名为"小草",位置如图2.241所示。

③确认"小草"处于被选择状态,单击【Create】(创建) /【Geometry】(几何体) /【Compound Objects】(复合对象)/【Scatter】(散布)命令,然后单击【Pick Distribution Object】(拾取分布对象)按钮,在顶视图中单击拾取"地面"造型。

④打开【Scatter Object】(散布对象)卷展栏,在【Source Object Parameters】(源对象参数)选项区域中设置【Duplicates】(重复数)为10 000,【Vertex Chaos】(顶点混乱度)为25;在【Distribution Object Parameters】(分布对象参数)选项区域中,勾去【Perpendicular】(垂直)复选框,勾选【Volume】(体积)单选按钮。

打开【Transforms】(变换)卷展栏,在【Rotation】(旋转)选项区域中设置X为35,Y为40;在【Scaling】(比例)选项区域中设置X为20,Y为50,所有参数设置如图2.242所示。

⑤为草地和小草赋予材质并设置环境背景,渲染透视图,效果如图2.243所示,命名为"草地.max"。

图2.241　"小草"造型的位置

图2.242　参数设置

图2.243　散布渲染效果

5)【ShapeMerge】(图形合并)——制作笔筒浮雕模型

①打开"本书素材\项目二\任务6\模型\图形合并. max"文件,如图2.244所示。

②单击【Create】(创建)🔱/【Shapes】(图形)💿/【Text】(文本)命令,在前视图中创建"勤奋务实"文本,设置参数如图2.245所示。

③在修改命令面板中利用【Bend】(弯曲)命令将创建的文本沿X轴弯曲128°,并调整其位置,如图2.246所示。

④在视图中选择笔筒造型,在几何体创建命令面板中选择【Compound Objects】(复合对象)选项,单击【ShapeMerge】(图形合并)按钮。

⑤在【Pick Operand】(拾取操作对象)卷展栏中单击【Pick Shape】(拾取图形)按钮,拾取创建的文本图形进行图形合并,此时文本嵌入笔筒造型中。

⑥在视图中选择图形合并后的笔筒造型,在【Modify List】(修改器列表)中选择【Edit Mesh】(编辑网格)命令,进入【Polygon】(多边形)■子层级,默认情况下"勤奋务实"四个字的多边形对象被选择,如果有多选或少选笔画的情况,可以结合【Ctrl】键或【Alt】键进行加选或减选,如图2.247所示。

| 图2.244 打开的场景文件 | 图2.245 文本参数设置 | 图2.246 弯曲文本并移其位置 | 图2.247 次物体下选择文字 |

⑦打开【Edit Geometry】(编辑几何体)卷展栏,在【Extrude】(挤出)按钮右侧的数值框中输入300,挤出文本多边形子对象,如图2.248所示。

⑧渲染透视图,效果如图2.249所示,命名为"笔筒浮雕. max"。

图2.248 挤出文字　　图2.249 笔筒浮雕渲染效果

说明:使用【ShapeMerge】(图形合并)命令可以将一个或多个图形嵌入网格对象,从而创建复合对象。在合并的过程中,这些图形既可以嵌入网格内部,也可以根据几何外形将除此以外的部分从网格中减去。

子任务7 【Edit Mesh】(编辑网格)修改器建模

1)制作哑铃模型

①单击 🔱/💿/【Cylinder】(圆柱体)命令,在顶视图中创建一个圆柱体,参数设置如图2.250所示。

②选择【Edit Mesh】(编辑网格)命令,进入 【Vertex】(顶点)子层级,在前视图中框选第二行、第四行节点利用移动 工具调整到如图2.251所示的位置,然后再对称调节下面的节点,如图2.252所示。

③框选"圆柱"体中间两层节点,右键单击□按钮,在【Scale Transform Type-In】(缩放变换输入)对话框中输入比例数值,如图2.253所示。此时节点的位置如图2.254所示。

④在前视图中分别框选第一行、第四行、第七行和第十行节点,右键单击□按钮,在【Scale Transform Type-In】(缩放变换输入)对话框中输入比例数值为95,结果如图2.255所示。

| 图2.250 | 图2.251 | 图2.252 | 图2.253 参数设置 | 图2.254 | 图2.255 |
| 参数设置 | 调整节点位置 | 调整节点位置 | | 节点的位置 | 节点的位置 |

⑤在前视图中分别框选第五行和第六行节点,点击 命令,将节点调节到如图2.256所示的位置。

⑥退出次物体编辑状态,在修改器列表中选择【Smooth】(平滑)命令,在其参数中勾选【Auto Smooth】(自动平滑)选项,如图2.257所示。亚铃效果如图2.258所示,命名为"哑铃. max"。

2)制作古城墙模型

①单击 /【Box】(长方体)命令,在透视图中创建一个长方体,参数设置如图2.259所示。

②选择【Edit Mesh】(编辑网格)命令,进入■【Polygon】(多边形)子层级,在【Selection】(选择)卷展栏中勾选【Ignore Back facing】(忽略背面)复选框,并在顶视图中选择位于立方体上方的外围多边形,如图2.260所示。

| 图2.256　调整 | 图2.257 | 图2.258 | 图2.259 | 图2.260　选择上面外围多边形 |
| 节点位置 | 平滑参数 | 哑铃渲染效果 | 参数设置 | |

③在【Edit Geometry】(编辑几何体)卷展栏的【Extrude】(挤出)文本框中输入挤出数值50,按【Enter】键确认,生成挤出的围墙,如图2.261所示。

④在顶视图中,将所选择的多边形间隔一个去掉选择,然后和上面一样,向上挤出,数值

为25,形成墙垛,如图2.262所示。

⑤在左视图中选择其侧面的多边形,如图2.263所示。然后将选择的多边形挤出20,反复挤出若干次,形成新的墙体,如图2.264所示。

图2.261 挤出围墙

图2.262 挤出墙垛

图2.263 选择侧面的多边形

⑥在顶视图中选择新的墙体上方两边的多边形,如图2.265所示。将选择的多边形挤出25形成围墙。

⑦间隔选择所选的多边形,如图2.266所示。将所选多边形挤出25形成墙垛。

⑧用相同的方法,在转角的另一个侧面也制作出同样的长墙,如图2.267所示。

⑨渲染透视图,效果如图2.268所示。

图2.264 挤出生成新的墙体

图2.265 选择两边的多边形

图2.266 间隔选择多边形

图2.267 制作出的长墙

图2.268 古城墙渲染效果

子任务8 【Edit Poly】(编辑多边形)修改器建模

制作巧克力模型

①单击◎/【Box】(长方体)命令,在透视图中创建一个长方体,参数设置如图2.269所示。

②选择长方体,在修改器列表下选择【Edit Poly】(编辑多边形),进入■【Polygon】(面)子对象层级,在顶视图中选择所有的顶面,如图2.270所示。

③按下修改面板中【Bevel】(倒角)命令后面的□(倒角设置)按钮,在弹出的【Bevel Polygons】(倒角多边形)对话框中设置【Height】(高度)为1,【Outline Amount】(轮廓量)为-1.2,然后在【Bevel Type】(倒角类型)项目下点选【By Polygon】(按多边形),如图2.271所示。结果如图2.272所示。

图 2.269 　图 2.270　选择顶面 　图 2.271　参数设置 　图 2.272　倒角结果
参数设置

④按【2】键,进入 【Edge】(边)子对象层级,在前视图中框选所有的顶边(包括上一步倒角后产生的短边),如图 2.273 所示。

说明:默认的倒角类型是【Group】(组)方式,只会在整个立方体的外轮廓形成一个大的倒角,如果设置为【By Polygon】(按多边形),则会为每个多边形的面单独进行倒角设置。

⑤按下修改面板中【Chamfer】(切角)命令后面的 □(切角设置)按钮,在弹出的【Chamfer Edges】(切角边)对话框中设置【Chamfer Amount】(切角量)为 0.2,单击【OK】按钮。此时,各个切角边都产生了大小为 0.2 的倒角,外形更接近于巧克力,而且有了切角后更容易表现巧克力的高光,

图 2.273　选择顶边 　图 2.274　巧克力渲染效果

换成巧克力色,渲染透视图,结果如图 2.274 所示,命名为“巧克力.max”。

巩固训练

1.绘制如图 2.275 所示的旋转楼梯。提示:主要用到的修改器有【Extrude】(挤出)、【Bend】(弯曲)等。

2.绘制如图 2.276 所示的小桥模型。提示:主要用到的修改器有【Extrude】(挤出)、【Bend】(弯曲)等。

3.绘制如图 2.277 所示的钢架模型。提示:主要用到的修改器是【Lattice】(晶格)。

4.绘制如图 2.278 所示的石凳造型。提示绘图步骤:①在顶视图中创建圆柱;②【Taper】(锥化);③在前视图中绘制小圆柱体并复制放于合适的位置;④【Boolean】(布尔)运算。制作流程图例如图 2.279 所示。

图 2.275 　图 2.276　小桥 　图 2.277　钢架模型 　图 2.278　石凳造型
旋转楼梯

5.绘制如图 2.280 所示的石头模型。提示绘图步骤:①在前视图中创建一个半径为 500

mm 的球体;②【Noise】噪波;【Noise】(噪波)参数设置如图 2.281 所示。

6. 自己创建喜欢的模型并进行【Shape Merge】(图形合并)操作。

7. 参照图 2.282 所示的古城墙,绘制其模型。提示:主要用到的修改器是【Edit Mesh】(编辑网格)。

（a）创建圆柱及参数设置　　　（b）【Taper】（锥化）及参数设置　　　（c）创建小圆柱参数设置及位置

图 2.279　制作流程图例

图 2.280　石头模型　　　图 2.281　　图 2.282　古城墙

噪波参数设置

任务 5　创建园林小品模型的操作技能

子任务 1　制作路牌模型

①在前视图中绘制一个 192 mm×116 mm 的矩形,将矩形转化为可编辑样条线,进入顶点子对象层级,选择上部的两个顶点,进行圆角,设置【Fillet】(圆角值)为 55,如图 2.283 所示。进入线段子对象层级,删除底部的线段,将底部的顶点向下移动,位置如图 2.284 所示。

图 2.283　顶点圆角

图 2.284　删除并向下移动

②在前视图中绘制一个 94 mm×117 mm 的矩形,转化为可编辑样条线,调整顶点位置,线段形态如图 2.285 所示。使用缩放工具,缩小复制一个矩形,调整矩形的顶点位置,形态如图 2.286 所示。

③进入样条线子对象,将小矩形拖动复制 2 个,调整位置,形态如图 2.287 所示。为 3 个小矩形加入【Extrude】(挤出)修改器,【Amount】(数量)为 2,形态如图 2.288 所示。

④在前视图中创建一个 79 mm×113 mm 的平面,位置如图 2.289 所示。

⑤选择最早创建的矩形,打开可渲染选项,设置渲染厚度为 3,渲染透视图,如图 2.290 所示,命名为"路牌.max"。

图 2.285　调整顶点位置

图 2.286　小矩形的形态及位置

图 2.287　复制小矩形

图 2.288　挤出小矩形

图 2.289　平面的位置

图 2.290　路牌渲染效果

子任务 2　制作阳台护栏模型

①在前视图中绘制一个 10 000 mm×15 000 mm 的大矩形,在其中间再绘制一个 2 600 mm×4 500 mm 的小矩形,将小矩形复制一个,位置如图 2.291 所示。

②为矩形添加【Edit Spline】(编辑样条线)命令,将三个矩形附加为一体。

③将附加后的矩形挤出 240,命名为"墙体",如图 2.292 所示。

④在前视图中用捕捉方式绘制一个2 600 mm×4 500 mm的矩形,命名为"窗框",添加【Edit Spline】(编辑样条线)命令,进入【Spline】(样条线)子物体层级,轮廓60,如图2.293所示。

⑤进入【Segment】(线段)子物体层级,在前视图中,选择左侧里面的线段,在 ✥ 按钮上单击鼠标右键,在弹出的【Move Transform Type-In】(移动变换输入)对话框中设置参数,如图2.294所示。使这条线段向右侧移动3 330 mm,结果如图2.295所示。

图2.291	图2.292	图2.293	图2.294 参数设置	图2.295
绘制的矩形	挤出的墙体	轮廓后的结果		移动后的形态

⑥进入【Spline】(样条线)子物体层级,在前视图中选择里面的小矩形,复制3个,结果如图2.296所示。

⑦进入【Segment】(线段)子物体层级,用和上面相同的方法继续绘制、复制、调整次物体下的矩形,结果如图2.297所示。

⑧将窗框挤出60,结果如图2.298所示。

图2.296 复制后效果   图2.297 调整后的形态   图2.298 挤出后的效果

⑨将窗框用捕捉模式在前视图中实例复制一个。

⑩在顶视图中用【Line】(线)命令绘制一条样条线,命名为"阳台路径",如图2.299所示。

⑪确认阳台路径处于被选择状态,按【Ctrl + C】键将其复制一个,命名为"阳台底座"。选择阳台底座,进入【Spline】(样条线)子物体层级,轮廓300,同时勾选【Center】(中心)项,如图2.300所示。

图2.299 绘制的样条线   图2.300 轮廓结果

⑫退出次物体层级,添加【Bevel】(倒角)命令,参数设置和结果如图2.301所示。

⑬单击【Line】(线)命令根据阳台底座的形状绘制出阳台地面,挤出100,形状和位置如图2.302所示。

⑭选择阳台路径,在任意视图上单击鼠标右键,从弹出的快捷菜单中选择【Hide Unselected】(隐藏未选择)选项,使视图中只显示阳台路径,如图2.303所示。

⑮单击【Standard Primitives】(标准基本体),从下拉列表中选择【AEC Extended】(AEC扩展)选项,单击【Railing】(栏杆)按钮,在弹出的参数面板中单击【Pick Railing Path】(拾取

栏杆路径)按钮,在顶视图拾取阳台路径,生成栏杆造型,但此时的栏杆是直的,这是由于【Segments】(分段)为1,因此需要修改栏杆的参数,如图2.304所示。

图2.301　倒角参数设置及结果

图2.302　阳台地面的位置

图2.303　只显示阳台路径

图2.304　栏杆参数设置

⑯单击右键,从弹出的快捷菜单中选择【Unhide All】(全部取消隐藏)选项,将其他物体显示出来,激活前视图,将栏杆移动至阳台底座的上方,如图2.305所示。

⑰在前视图捕捉绘制一个矩形,命名为"玻璃",挤出5,复制一个,放于合适的位置,如图2.306所示。

⑱将阳台底座、阳台栏杆和阳台地面复制一组,放于下面窗户相应的位置,渲染透视图,最终阳台护栏效果如图2.307所示,命名为"阳台护栏.max"。

图2.305　栏杆的位置

图2.306　玻璃的位置

图2.307　阳台护栏渲染效果

子任务3　制作凉亭模型

①在顶视图中创建一个200 mm×200 mm×50 mm的长方体,命名为"亭顶"。选择"亭顶",添加【Taper】(锥化)修改器,设置【Amounts】(数量)值为-0.94,如图2.308所示。

②添加【Edit Poly】(编辑多边形)修改器,进入【Edge】(边)子物体层级,在前视图中框选斜坡的4条边,在修改面板中单击【Extrude】(挤出)按钮右边的设置框,在弹出的对话框中设置【Extrusion Height】(挤出高度)为2、【Extrusion Base Width】(挤出基面宽度)为3.5,然后单击【OK】按钮,结果如图2.309所示。

③在顶视图中创建一个半径为14 mm的球体,命名为"圆盖",将它移动放置在"亭顶"的正中央,如图2.310所示。

图2.308 锥化结果

图2.309 挤出结果

图2.310 圆盖的位置

④在顶视图中创建一个半径为 5 mm、高度为 140 mm 的圆柱体,命名为"柱子01"。实例复制出另外 3 根柱子,调整位置,其形态如图2.311所示。

⑤在顶视图中创建一个 140 mm×140 mm 的矩形,命名为"横挡板";4 根柱子正好落在矩形的 4 个顶点上,其位置如图2.312所示。

⑥进入修改面板,加入【Edit Spline】(编辑样条线)修改器,进入【Spline】(样条线)子物体层级,轮廓1.5,挤出轮廓线。再将"横挡板"挤出25,在前视图中将"横挡板"移动放置到柱子的上方,如图2.313所示。

图2.311 创建4个柱子

图2.312 创建的矩形

图2.313 横挡板的位置

⑦在顶视图中创建一个 20 mm×132 mm×6 mm 的长方体,命名为"座椅01";再创建一个 3 mm×130 mm×4 mm 的长方体,命名为"靠背横条01",调整好两个长方体的位置,如图2.314所示。

⑧在前视图中创建一条曲线,连接"座椅01"和"靠背横条01",并为其挤出轮廓线,设置【Amount】(数量)为 1,挤出2;实例复制12根。为方便选择和移动,选择"座椅01""靠背横条01"和 13 根"靠背条"执行成组,命名为"椅子01",如图2.315所示。

图2.314 长方体的位置

图2.315 椅子01

⑨将"椅子01"移动到两根柱子的中间,镜像复制一组椅子,放置在亭子的另一边。接着再实例旋转复制出另外一组椅子,结果如图2.316所示。

⑩在顶视图中创建一个 178 mm×178 mm×6 mm 的长方体,命名为"台阶01",将其移动放置到柱子的下方。再创建一个 215 mm×215 mm×6 mm 的长方体,命名为"台阶02"。再创建一个 540 mm×540 mm×3 mm 的长方体,命名为"地面",位置如图2.317所示。

⑪渲染透视图,如图2.318所示,命名为"凉亭"。

图 2.316　椅子的位置

图 2.317　台阶和地面的位置

图 2.318　凉亭

子任务4　制作园桥模型

①单击【Circle】(圆)命令,在前视图中绘制一个半径为 250 mm 的圆形,命名为"桥体01"。选择"桥01",将其转换为可编辑样条线,进入【Vertex】(顶点)子对象层级,在视图中选择最下面的顶点,单击【Geometry】(几何体)卷展栏下的【Break】(断开)按钮,再次框选断开的顶点,按【Delete】键将其删除,结果如图 2.319 所示。

②切换到【Spline】(样条线)子对象层级,轮廓80,如图 2.320 所示。

图 2.319　删除顶点

图 2.320　轮廓后

③退出子对象层级,选择"桥体01",按【Ctrl + C】键复制,在弹出的【Clone Options】(克隆选项)对话框中选中【Copy】(复制)单选按钮,【Name】(名称)设为"桥体02",单击【OK】按钮关闭对话框。在修改面板中进入【Segment】(线段)子对象层级,删除图中显示为红色的线段,如图 2.321 所示。

④进入【Spline】(样条线)层级,单击视图中的样条线,轮廓 -50,如图 2.322 所示。

⑤退出【Spline】(样条线)子对象层级,选择"桥体02",按【Ctrl + C】键复制为"桥体03",关闭对话框。进入【Segment】(线段)子对象层级,删除图中显示为红色的线段,如图2.323所示。

图 2.321　删除的线段

图 2.322　轮廓后

图 2.323　删除的线段

⑥进入【Spline】(样条线)子对象层级,轮廓100,如图2.324所示。

⑦进入【Vertex】(顶点)子对象层级,修改顶点属性并添加新顶点,调整形状如图 2.325

所示。

⑧退出子对象层级,按【Ctrl + C】键复制为"桥体 04",进入"桥体 04"的【Segment】(线段)子对象层级,删除不必要的线段。切换到【Spline】(样条线)子对象层级,选择视图中的样条线,轮廓 −20,效果如图 2.326 所示。

图 2.324 轮廓后　　　　图 2.325 添加顶点并调整　　　　图 2.326 轮廓后

⑨单击【Line】(线)按钮,在顶视图中创建一条长度为 300 mm 的线段,命名为"放样路径",如图 2.327 所示。

⑩切换到复合对象面板,选择"桥体 01",单击【Loft】(放样)按钮,单击【Creation Method】(创建方法)中的【Get Path】(获取路径)按钮,再单击视图中的"放样路径"创建放样对象,如图 2.328 所示。

⑪使用同样的方法,对"桥体 02""桥体 03"和"桥体 04"进行放样,如图 2.329 所示。

图 2.327 创建的线段　　　　图 2.328 放样对象　　　　图 2.329 继续放样

⑫选择"桥体 02"和"桥体 04",在顶视图中沿 Y 轴缩放,使其比其余对象略大,如图 2.330 所示。

⑬单击【Chamfer Box】(切角长方体)按钮,在前视图中创建一个长度为 120 mm、宽度为 400 mm、高度为 50 mm、圆角为 5、长度分段和宽度分段均为 3 的切角长方体,命名为"栏杆护板 01",如图 2.331 所示。为其添加【Edit Poly】(编辑多边形)修改器,进入【Vertex】(顶点)子对象层级,调整顶点位置,如图 2.332 所示。

图 2.330 缩放对象　　　　图 2.331 切角长方体及参数设置　　　　图 2.332 调整顶点的位置

⑭切换到【Polygon】(多边形)子对象层级,选择中间部分的面,配合【Ctrl】键添加与背部相对应的面,单击【Bevel】(倒角)按钮右侧的图标▣,在弹出的【Bevel Polygons】(倒角多边形)对话框中设置【Height】(高度)为 0、【Outline Amount】(轮廓)为 −2,单击【Apply】(应用)按钮;设置【Height】(高度)为 −2、【Outline Amount】(轮廓)为 −1,单击【Apply】(应用)按钮;设置【Height】(高度)为 0、【Outline Amount】(轮廓)为 −1,单击【OK】按钮关闭对话框,

结果如图 2.333 所示。

⑮对"栏杆护板 01"进行复制,命名为"栏杆护板 02",进入【Vertex】(顶点)子对象层级,在前视图中调整顶点的位置,如图 2.334 所示,退出次物体。

激活前视图,选择"栏杆护板 02",单击工具栏中的镜像 按钮,在弹出的对话框中设置镜像轴为 X,选择【Instance】(实例)按钮,关闭对话框,名称设定为"栏杆护板 03",使用移动工具调整位置,如图 2.335 所示。

图 2.333　挤出后　　　　图 2.334　调整顶点的位置　　　　图 2.335　栏杆护板的位置

⑯单击【ChamferBox】(切角长方体)按钮,在前视图中创建一个【Length】(长度)为 140 mm、【Width】(宽度)为 70 mm、【Height】(高度)为 65 mm、【Fillet】(圆角)为 6 的切角长方体。单击【Chamfer Cyl】(切角圆柱体)按钮,在顶视图中创建【Radius】(半径)为 20 mm、【Height】(高度)为 50 mm、【Fillet】(圆角)为 0 的切角圆柱体和【Radius】(半径)为 35 mm、【Height】(高度)为 50 mm、【Fillet】(圆角)为 5 的切角圆柱体,调整 3 个对象的位置,并将其成组,命名为"圆柱 01",如图 2.336 所示。复制"圆柱 01",命名为"圆柱 02",调整其位置,如图 2.337 所示。

⑰按【Ctrl + C】键对"圆柱 02"进行复制,在弹出的对话框中选中【Copy】(复制)按钮,命名为"圆柱 03"。为其添加【Skew】(倾斜)修改器,在【Parameters】(参数)卷展栏下设置【Amount】(数量)为 70、【Skew Axis】(倾斜轴)为 X。单击工具栏上的镜像 按钮,在弹出的窗体中设置镜像轴为 X,选择【Instance】(实例)按钮,关闭对话框,命名为"圆柱 04",使用移动工具调整位置,如图 2.338 所示。

图 2.336　"圆柱 01"的位置　　　图 2.337　"圆柱 02"的位置　　　图 2.338　"圆柱 03"和"圆柱 04"的位置

⑱同时选择 4 个圆柱对象和 3 个栏板对象,执行主命令中的【Group】(组)/【Group】(成组)命令,组名称设为"护栏 01",按【Ctrl + C】键对其进行复制,在弹出的对话框选中选择【Instance】(实例),名称为"护栏 02",在顶视图中移动其位置,如图 2.339 所示。将所有的对象成组,命名为"小桥"。

⑲切换到标准基本体模型,在顶视图中创建一个 450 mm × 3 200 mm × 50 mm 的长方体,【Width Segs】(宽度分段)设置为 50,命名为"长堤 01",为其添加【Noise】(噪波)修改器,设置【Scale】(比例)为 300,Z 轴强度为 50,产生起伏变化。对"长堤 01"进行复制,命名为

"长堤02",调整位置,如图2.340所示。

图2.339 护栏的位置

图2.340 长堤的位置

⑳在标准基本体面板中单击【Plane】(平面)按钮,在顶视图中创建一个8 000 mm × 5 000 mm的平面,命名为"湖面",如图2.341所示。至此,小桥模型制作完成。

㉑切换到【AEC Extended】(AEC扩展)面板,单击【Foliage】(植物)按钮,选择树木的类型,在顶视图中单击鼠标创建树木,命名为"树木01"。使用选择并均匀缩放工具将其等比放大约5倍。以实例方式复制出"树木01"的几个副本,移动到不同的位置,调整大小和角度,为场景赋予材质和背景贴图,渲染效果如图2.342所示,命名为"园桥.max"。

图2.341 湖面的位置

图2.342 园桥渲染效果

子任务5 制作牌坊模型

①在顶视图中创建一个18 mm×180 mm×18 mm的长方体,命名为"长方体01",再创建两个18 mm×18 mm×270 mm的长方体,分别命名"长方体02""长方体03",调整三个长方体的位置,如图2.343所示。

②在前视图中创建一个40 mm×110 mm×6 mm的长方体,命名为"长方体04",并设置其长度分段和宽度分段分别为6、14 mm,调整其位置,如图2.344所示。

③使用【Line】(线)命令,在前视图中创建一个样条线,进入【Vertex】(顶点)子层级,调整其顶点类型和位置。退出顶点子层级,为样条线挤出4,调整位置,沿X轴镜像复制一个,如图2.345所示。

图2.343　长方体的位置　　　图2.344　"长方体04"的位置　　　图2.345　挤出造型的位置

④在顶视图中创建一个16 mm×70 mm×6 mm长方体,命名为"长方体05",调整其位置,如图2.346所示。

⑤选择之前创建的任意一个长方体,进行复制,将复制的长方体命名为"长方体06",修改其长、宽、高分别为16 mm、16 mm、230 mm,调整位置,如图2.347所示。选择"长方体05",将前视图向下移动复制一个,命名为"长方体07",如图2.348所示。同时选择"长方体05""长方体06"和"长方体07",使用镜像复制命令移动复制到另一边。完成牌坊大体的外形制作,如图2.349所示。

图2.346　"长方体05"　　　图2.347　"长方体06"　　　图2.348　"长方体07"的位置
　　　的位置　　　　　　　　　的位置

⑥制作底座。在顶视图中创建一个39 mm×39 mm×50 mm的长方体,命名为"长方体08",调整位置,如图2.350所示。按住【Shift】键将"长方体08"拖动复制三个,调整位置,如图2.351所示。

图 2.349　牌坊大体的外形　　图 2.350　"长方体 08"的位置　　图 2.351　复制长方体的位置

⑦制作底座部分的装饰。使用线命令在前视图中绘制样条线,进入顶点子层级,调整顶点类型和位置。退出子层级,挤出 2,调整位置,如图 2.352 所示。复制另外 15 个相同的物体,调整位置,如图 2.353 所示。

图 2.352　底座装饰的位置　　　　图 2.353　复制底座装饰及其位置

⑧在前视图中创建文本,调整大小、字体和位置,如图 2.354 所示。

⑨选择"长方体 04",使用【Extrude】(图形合并)命令将文字合并其上。将合并对象转化为可编辑多边形,进入【Polygon】(多边形)子对象层级,选择文字多边形,挤出 −2.1。至此牌坊模型制作完成,如图 2.355 所示。

图 2.354　创建的文本　　　　　　图 2.355　挤出文字

⑩在顶视图中创建一个平面作为地面,移动到底部,如图 2.356 所示。

⑪设置场景材质之后,渲染透视图,效果如图 2.357 所示,命名为"牌坊. max"。

图 2.356　牌坊模型　　　　　　　图 2.357　牌坊渲染效果

子任务6　制作花墙模型

①在前视图中创建一个300 mm×150 mm的矩形,选择【Edit Spline】(编辑样条线)修改器,进入【Segment】(线段)子对象层级,在前视图中选择上面的线段,在【Geometry】(几何体)卷展栏中选择【Divid】(分段)命令,设置文本框的数值为4,将线段进行分段,如图2.358所示。再选择上面中间一个线段,用相同的方法,将其分成两段,如图2.359所示。进入【Vertex】(顶点)子层级,选择中间的顶点将其转换为平滑并向上移动,如图2.360所示。

　　图2.358　将线段分段　　　　　图2.359　继续分段　　　　　图2.360　移动点

②退出样条线编辑,挤出50,其形态如图2.361所示。

③将刚创建的对象复制一个,并在修改器堆栈中移除挤出修改器。进入【Spline】(样条线)子层级,选择整个样条线变红色,对其进行轮廓设置,退出样条线子层级,再添加【Extrude】(挤出)修改器,为样条线挤出一个厚度,如图2.362所示。

④在前视图中绘制一个圆,再复制一个,调整两个圆的位置,如图2.363所示。

　　图2.361　挤出后　　　　　图2.362　轮廓后挤出　　　　　图2.363　绘制两个圆

⑤将两个圆附加在一起,进入【Spline】(样条线)子层级,选择【Trim】(修剪)命令,将两个圆相交的部分修剪掉,如图2.364所示。进入【Vertex】(顶点)子对象层级,选择相交的两个顶点,进行【Weld】(焊接)操作。

⑥退出次物体编辑。挤出一个厚度,如图2.365所示。将挤出对象向右移动复制一个,调整位置,使两个对象与墙体充分相交,位置如图2.366所示。

　　图2.364　修剪线段并焊接点　　　图2.365　挤出样条线　　　图2.366　移动复制一个挤出物体

⑦在前视图中绘制圆和矩形,位置如图2.367所示。对两个对象进行附加、修剪和顶点焊接,然后挤出一定的厚度,如图2.368所示。

⑧选择墙体,进入【Compound Objects】(复合对象)/【ProBoolean】(超级布尔)命令,单击

【Start Picking】(开始拾取)按钮,依次选择中间的三个物体,超级布尔运算结果如图 2.369 所示。

⑨对模型设置材质之后,渲染透视图,效果如图 2.370 所示,命名为"花墙. max"。

图 2.367　圆和矩形的位置

图 2.368　中间的物体

图 2.369
超级布尔运算后

图 2.370
花墙渲染效果

子任务7　制作建筑小品模型

①单击【Star】(星形)命令,在顶视图中创建一个"半径1"为 180 mm,"半径2"为 160 mm,"点"为 24 mm,"圆角半径1"为 12 mm,"圆角半径2"为 10 mm 的星形,命名为"圆柱",如图 2.371 所示。

②加入【Extrude】(挤出)修改器。设置"数量"为 3 200,挤出圆柱的高度,如图 2.372 所示。

③单击【Cylinder】(圆柱体)命令,在顶视图创建一个半径为 250 mm,高为 300 mm 的圆柱体,命名为"柱基",将其移动放置在圆柱的正下方,如图 2.373 所示。

图 2.371　创建的星形

图 2.372
挤出圆柱

图 2.373　柱基的位置

④将柱基以实例的方式复制 1 个,放置在圆柱的正上方,同时选择圆柱和两个柱基,将其成组,命名为"柱子",如图 2.374 所示。

⑤在顶视图中创建一个半径为 3 800 mm 的圆,将"柱子"移动到圆的圆周上,如图 2.375 所示。

⑥在顶视图中,选择柱子,单击【Hierarchy】(层次) 按钮,进入层次面板,单击【Affect Pivot Only】(仅影响轴)按钮,再单击【Align】(对齐)工具,在顶视图中单击圆,在弹出的对话框中设置中心对齐,让柱子的轴心对齐到圆的中心,如图 2.376 所示。再单击【Affect Pivot Only】(仅影响轴)按钮,结束该命令。

图2.374　柱子

图2.375　将柱子放在圆周上　　图2.376　对齐

图2.377　【Array】（阵列）参数设置

⑦在顶视图中，确定选择了柱子，单击【Array】（阵列）命令，在弹出的对话框中单击【Rotate】（旋转）右边的按钮，并在该项的Z轴输入 – 110°，【Count】（数量）输入4，设置阵列参数，如图2.377所示。

⑧单击【OK】按钮，阵列出另外3根柱子，如图2.378所示。

⑨制作柱子上方的弧形柱顶。在前视图中绘制一条宽度600 mm左右、高度900 mm左右的封闭的曲线，作为放样截面，如图2.379所示。在顶视图中绘制一条半径为3 800 mm，从130～225 mm的弧，作为放样路径，如图2.380所示。利用【Loft】（放样）操作形成一个放样物，命名为"柱顶"，如图2.381所示。将其移动到柱子的上方。

图2.378　阵列结果

图2.379　放样截面

图2.380　放样路径

⑩在顶视图中，选择4根柱子和柱顶，以XY平面为镜像平面，实例复制出一组柱子，如图2.382所示。

⑪在顶视图中创建一个长度和宽度均为20 000 mm的平面，命名为"地平面"，将它移动到柱子的下方，如图2.383所示。

⑫在创建面板中切换到扩展基本体面板，单击【Torus Knot】（环形结）按钮，在顶视图中绘制一个环形结，设置【Base Curve】（基础曲线）栏中的【Radius】（半径）为800 mm、【Segments】（分段）为120 mm、【Cross Section】（横截面）栏中的【Radius】（半径）为200 mm，将它放置在两个环形柱子中间的地面上，命名为"雕塑"，如图2.384所示。

图2.381　放样生成柱顶

图2.382　镜像复制柱子

图2.383　创建的地平面

⑬设置场景材质之后,渲染透视图,效果如图2.385所示,命名为"建筑小品. max"。

图2.384　雕塑的位置

图2.385　建筑小品渲染效果

子任务8　制作园林小景观模型

①在顶视图中创建一个1 400 mm×7 000 mm×500 mm的长方体,命名为"长廊顶"。加入【Taper】(锥化)修改器,选择效果为Y轴,数量为-0.96;再次添加【Taper】(锥化)修改器,设置数量为-0.18,结果如图2.386所示。

②在顶视图中创建一个半径为60 mm,高度为1 800 mm的圆柱体,命名"廊柱"。为调整位置先移动复制出5根廊柱。然后在左视图中选择这6根廊柱,按住【Shift】键复制另外一边的廊柱(共计12根),如图2.387所示。

图2.386　长廊顶

图2.387　所有的廊柱

③在顶视图中创建一个120 mm×5 511 mm×1 766 mm的长方体,命名为"墙体",调整位置,如图2.388所示。

④在墙体上开窗洞。在前视图中绘制两个多边形并挤出一定的厚度,再创建一个长方

体,这三个物体的位置如图2.389所示。

图2.388　墙体的位置

图2.389　三个物体的位置

⑤选择墙体,使用【ProBoolean】(超级布尔)命令,单击【Start Picking】(开始拾取)按钮,依次选择中间的三个物体,进行超级布尔运算,打开窗洞,如图2.390所示。

⑥创建台阶。在顶视图中创建两个长方体,分别命名为"台阶01"和"台阶02",调整大小和位置,如图2.391所示。

⑦创建地面。在顶视图中创建一个平面,命名为"地面"。将地面对齐到台阶的下面。

再在顶视图中创建一个长方体,命名为"长廊挡板",大小和位置如图2.392所示。

图2.390　墙体上的窗洞

图2.391　创建的台阶

图2.392　长廊挡板和
地面的位置

⑧制作凉亭。在顶视图中创建一个4 000 mm×4 000 mm×800 mm的长方体,命名为"凉亭顶",选择【Taper】(锥化)修改器,设置【Amounts】(数量)值为 - 0.93。再添加【Edit Poly】(编辑多边形)修改器,进入【Edge】(边)子物体层级,在前视图中框选斜坡的4条边,进行【Extrude】(挤出)操作,退出修改器,如图2.393所示。

⑨在顶视图中创建一个球体,命名为"顶球",调整位置到亭顶。

在顶视图中绘制一个矩形,命名为"凉台挡板",加入【Edit Spline】(编辑样条线)修改器,进入【Spline】(样条线)子对象,选择样条线进行轮廓。退出样条线子层级,再添加挤出修改器,设置参数并调整位置,如图2.394所示。

⑩创建柱子。在顶视图中绘制圆柱体,命名为"凉台柱",进入修改面板设置参数,调整位置。复制出三个凉台柱,如图2.395所示。

图 2.393　凉亭顶　　　图 2.394　顶球和凉台挡板的位置　　　图 2.395　凉台柱

⑪创建台阶部分。在顶视图中创建一个长方体，命名为"凉台台阶"。进入修改面板设置参数，调整位置。复制出另一个台阶，使用缩放工具进行缩放，如图 2.396 所示。

⑫调整场景中所有对象的位置，如图 2.397 所示。

⑬为场景设置材质和灯光，渲染透视图，如图 2.398 所示，命名为"园林小景观.max"。

图 2.396　凉台台阶的位置　　图 2.397　所有对象的相对位置　　图 2.398　园林小景观渲染效果

子任务 9　制作树池座凳模型

①单击 [图标]/【Circle】（圆）命令，在顶视图中创建一个半径为 580 mm 的圆形。

②选择【Editable Spline】（编辑样条线）命令，进入【Spline】（样条线）层级，轮廓为 -120，如图 2.399 所示，命名为"树池边沿"。

③选择"树池边沿"，进入【Spline】（样条线）层级，点选内圆，在【Geometry】（几何体）卷展栏中【Detach】（分离）按钮下勾选【Copy】（复制），然后单击【Detach】（分离）按钮，分离出一个圆形，将其命名为"土壤"，如图 2.400 所示。

④选择"树池边沿"，挤出 500。

⑤选择"土壤"，挤出 480，位置如图 2.401 所示。

⑥单击 [图标]/【Rectangle】（矩形）命令，在前视图绘制一个 300 mm×300 mm 的参考矩形，单击【Line】（线）命令，在参考矩形内绘制一个封闭的曲线，命名为"座凳支撑"，如图 2.402 所示。

图 2.399　轮廓后　图 2.400　分离出圆形并命名　图 2.401　造型的位置　图 2.402　绘制的闭合曲线

⑦删除参考矩形。选择"座凳支撑",挤出30,调整位置,如图2.403所示。

⑧选择"座凳支撑",在工具栏中,点击选择 ▣【Use Transform Coordinatc Center】(使用变换坐标中心)。再在工具栏【View】(视图)的下拉表中选择【Pick】(拾取),在顶视图中点击"树池边沿"造型,这样就使用了拾取对象"树池边沿"的中心为坐标中心。激活顶视图,单击【Array】(阵列)命令,设置阵列参数,如图2.404所示。

图2.403　造型的位置　　　　　　　　　　图2.404　参数设置

⑨单击【OK】按钮,阵列结果如图2.405所示。

⑩单击 ◎/【Circle】(圆)命令,在顶视图中绘制一个半径为960 mm的圆,选择【Editable Spline】(编辑样条线)命令,进入【Spline】(样条线)层级,设置轮廓为-60,再挤出20,命名为"座凳架"。

⑪用同样的方法在顶视图中再绘制一个半径为760 mm的圆,设置轮廓为-60,挤出20,命名为"座凳架01"。两个座凳架的位置如图2.406所示。

图2.405　阵列结果　　　　　　　　　　图2.406　造型的位置

⑫在顶视图中绘制一个70 mm×350 mm的矩形,命名为"座凳面板"。进入【Vertex】(点)层级,通过移动点的位置来调整其形状,再挤出20,调整其位置如图2.407所示。

⑬选择"座凳面板",在工具栏【View】(视图)的下拉表中选择【Pick】(拾取),在顶视图中点击"树池边沿"造型,这样就使用了拾取对象"树池边沿"的中心为坐标中心,在工具栏中点击▣按钮,然后确认在顶视图中选择了"座凳面板",单击【Array】(阵列)按钮,设置参数,如图2.408所示。

图2.407　造型的位置　　　　　　　　　　图2.408　参数设置

⑭单击【OK】按钮,阵列结果如图2.409所示。

⑮单击 /【AEC Extended】(AEC 扩展)/【Foliage】(植物)/【Scotch Pine】(苏格兰松树)命令,在顶视图创建一棵橡树,进行适当的缩放,移动到合适的位置。渲染透视图,最终结果如图 2.410 所示,命名为"树池座凳. max"。

图 2.409　阵列结果

图 2.410　树池座凳
渲染效果

子任务 10　制作喷泉模型

①单击 /【NGon】(多边形)命令,在顶视图中绘制一个半径为 6 000 mm 的正八边形作为"截面",如图 2.411 所示。

②单击【Rectangle】(矩形)命令,在前视图中绘制一个 1 000 mm × 300 mm 的矩形作为"剖面线",如图 2.412 所示。

③在前视图中对矩形进行次物体下顶点的编辑,结果如图 2.413 所示。

④退出次物体。选择正八边形(截面),在修改器列表中执行【Bevel Profile】(倒角剖面)命令,单击【Pick Profile】(拾取剖面)按钮,在前视图中单击绘制的剖面线,生成新造型,命名为"喷泉底座",如图 2.414 所示。

图 2.411　创建的　　图 2.412　创建的矩形　　图 2.413　　　　图 2.414　喷泉底座
正八边形　　　　　　　　　　　　　编辑顶点

⑤在前视图中复制一个喷泉底座,命名为"水",删除【Bevel Profile】(倒角剖面)命令,为其添加一个【Extrude】(挤出)命令,数量设置为 10,位置如图 2.415 所示。

⑥在顶视图中绘制一个 1 500 mm × 1 500 mm 的矩形,命名为"中心底座",为其添加一个【Bevel】(倒角)命令,倒角参数设置及结果如图 2.416 所示。

⑦在前视图中绘制一条封闭的线形,如图 2.417 所示。

图 2.415　水的位置　　　　图 2.416　倒角参数设置及结果　　　图 2.417　绘制的线形

⑧添加【Lathe】(车削)命令,单击【Align】(对齐)选项组下的【Min】(最小)按钮,将车削前面的➕展开,激活【Axis】(轴)子物体层级,在顶视图中移动轴来改变水池的大小,移动之后中间变成空心,设置【Segments】(分段)数为30,命名为"喷头",结果如图2.418所示。

⑨单击【Cylinder】(圆柱体)命令,在顶视图中创建一个半径为3 000 mm、高度为0的圆柱体,命名为"水面",位置如图2.419所示。

⑩创建【Particle Systems】(粒子系统),模拟喷水效果。单击【Create】(创建)/【Geometry】(几何体)/【Particle Systems】(粒子系统)/【Spray】(喷射)按钮,在顶视图中拖动鼠标创建粒子,如图2.420所示。

图2.418　车削后的效果　　　　图2.419　水面的位置　　　　图2.420　创建粒子

⑪单击【Modify】(修改)✐按钮进入修改命令面板,修改粒子参数,参数和结果如图2.421所示。

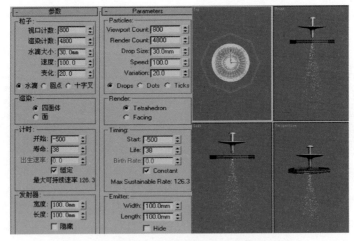

图2.421　粒子参数设置及结果(中英文对照)

⑫在前视图中将粒子沿Y轴镜像复制,移动到合适的位置,如图2.422所示。

⑬单击【Create】(创建)/【Space Warps】(空间扭曲)/【Forces】(力)/【Gravity】(重力)按钮,在顶视图中拖动鼠标创建一个重力,移动到合适的位置,如图2.423所示。

⑭选择创建的粒子,单击主工具栏中的【Bind to Space Warp】(绑定到空间扭曲)🔗按钮,在前视图中通过单击并拖动鼠标,看到重力闪动一下,即将粒子绑定到了重力上,然后选择重力,在修改命令面板中修改重力的【Strength】(强度)为10,如图2.424所示。

⑮在前视图中用缩放工具对粒子的形态沿Y轴进行调整,然后将时间滑块拖动到第100帧的位置,此时的效果如图2.425所示。

⑯渲染透视图,效果如图2.426所示,命名为"喷泉.max"。

图2.422　　　图2.423　创建的重力　　图2.424　　　图2.425　　　图2.426
镜像粒子　　　　　　　　　　　调整重力参数　拖动时间滑块　喷泉渲染效果

子任务11　制作拉膜模型

①重置系统,设置单位为"mm"。

②单击【Create】(创建)/【Shapes】(图形)/【Arc】(弧)命令,在前视图中创建一个弧,命名为"弧01",设置其参数,如图2.427所示。

③在前视图中再创建一条弧,命名为"弧02",设置【Radius】(半径)为5 300 mm、【From】(从)为140、【Tog】(到)为200,调整图形的位置,如图2.428所示。

④选择"弧02",选择【FFD2×2×2】命令。在修改器堆栈中激活【Control Points】(控制点)子对象,在前视图中选择下面所有的控制点,沿Y轴向下移动,如图2.429所示。关闭【Control Points】(控制点)子对象。

⑤在顶视图中选择"弧02",单击工具栏中的按钮,在弹出的【Mirror】(镜像)对话框中设置镜像轴为Y,镜像方式为【Copy】(复制),单击【OK】按钮,镜像复制后图形的位置如图2.430所示。

图2.427　　　图2.428　　　图2.429　调整顶点　　图2.430　镜像复制后
参数设置　　　图形的位置　　　的位置　　　　　图形的位置

⑥在前视图中创建一个弧,命名为"弧03",设置【Radius】(半径)为8 000 mm,【From】(从)为35、【Tog】(到)为70,调整图形的位置,如图2.431所示。

⑦选择"弧03",选择【FFD2×2×2】命令。在修改器堆栈中激活【Control Points】(控制点)子对象,在前视图中选择下面所有的控制点,在顶视图中沿Y轴向下移动,如图2.432所示。关闭【Control Points】(控制点)子对象。

⑧在顶视图中镜像复制"弧03",复制后的位置如图2.433所示。

⑨选择"弧01",转换为可编辑样条线。将所有的线形附加到一起,命名为"拉膜"。

⑩确认"拉膜"处于选择状态,按【Ctrl+C】键,将"拉膜"在原位置复制一个,命名为"拉膜边",在修改器堆栈中单击【Spline】(样条线)子对象,选择如图2.434所示的边,按【Delete】键将其删除后退出次物体编辑。

图2.431　　　图2.432　调整顶点　　图2.433　镜像复制后　图2.434　激活【Spline】
"弧03"的位置　　　　　　　　　　图形的位置　　　(样条线)选择边

⑪选择"拉膜边",在【Rendering】(渲染)卷展栏中勾选【Enable In Renderer】(在渲染中启用)和【Enable In Viewport】(在视口中启用)复选框,并设置【Thickness】(厚度)为30,结果如图2.435所示。

⑫选择"拉膜",单击鼠标右键,在弹出的快捷菜单中选择【Convert To】(转换为)/【Convert To Editable NURBS】(转换为NURBS)命令,在弹出的【NURBS】对话框中选择■【Create 2-Rail Sweep】(创建双轨扫描)命令,如图2.436所示。

⑬在左视图中依次拾取中间的弧线和左侧的两条弧线,进行双轨扫描,结果如图2.437所示。

⑭利用同样的方法,对"拉膜"的另一面进行双轨扫描,如图2.438所示。

图2.435　拉膜边　　　图2.436　选择　　　图2.437　双轨扫描结果　　　图2.438　双轨扫描后的造型
　　　　　　　　　　　　【双轨】命令

⑮选择"拉膜边",调整造型的位置,如图2.439所示。

⑯在顶视图中创建一个圆柱体,命名为"支柱",设置参数,如图2.440所示。

⑰在顶视图中创建一个圆柱体,命名为"皮圈",设置参数,如图2.441所示。

⑱在视图中调整"皮圈"和"支柱"的相对位置,如图2.442所示。

图2.439　造型的位置　　　图2.440　　　图2.441　　　图2.442　皮圈和支柱
　　　　　　　　　　　参数设置　　　参数设置　　　　的相对位置

⑲在前视图中创建一个切角圆柱体,命名为"铆钉",设置其参数,如图2.443所示。

⑳选择"铆钉",将其复制3个,在视图中调整造型的位置,如图2.444所示。

㉑在工具栏中单击△按钮,并在这个按钮上单击鼠标右键,在对话框中设置【Angle】(角度)为30°,如图2.445所示,然后关闭对话框。

㉒在前视图中选择所有的"铆钉""支柱"和"皮圈",单击工具栏中的↻按钮,将其旋转30°,旋转后造型的位置如图2.446所示。

㉓在顶视图中创建一个圆柱体,命名为"小支柱",并设置参数,如图 2.445—图 2.447 所示。

图 2.443　　图 2.444　铆钉的位置　　图 2.445　　图 2.446　造型的位置
参数设置　　　　　　　　　　　　设置捕捉角度

㉔在顶视图中创建一个圆柱体,命名为"小皮圈",并设置参数,如图 2.448 所示。

㉕在前视图中创建一个切角圆柱体,命名为"小铆钉",设置其参数,如图 2.449 所示。

㉖选择"小铆钉",将其复制 3 个,调整造型的位置,如图 2.450 所示。

图 2.447　　图 2.448　　图 2.449　　图 2.450　造型的位置
参数设置　　参数设置　　参数设置

㉗在前视图中选择所有的"小铆钉""小支柱"和"小皮圈",单击工具栏中的 ↻ 按钮,将其旋转 32°,并在视图中调整旋转后造型的位置,如图 2.451 所示。

㉘在顶视图中创建两个参考矩形,设置大矩形的【Length】(长度)为 6 000 mm、【Width】(宽度)为 9 000 mm,小矩形的【Length】(长度)为 3 000 mm、【Width】(宽度)为 4 000 mm,并在视图中调整它们的位置,如图 2.452 所示。

图 2.451　旋转后造型的位置　　　图 2.452　辅助矩形的相对位置

㉙单击 ⬡【Shapes】(图形)/【Line】(线)命令,在顶视图中沿参考矩形边缘绘制一条封闭的曲线,命名为"地板",挤出 200,调整"地板"的位置,如图 2.453 所示,然后删除参考矩形。

㉚利用【Line】(线)命令在视图中创建三段线,分别命名为"拉绳""拉绳 01"和"拉绳 02"。设置它们在视口中可渲染,并在视图中调整它们的位置,如图 2.454 所示。

㉛按【Shift + Q】键,渲染透视图,结果如图 2.455 所示,命名为"拉膜. max"。

图 2.453　地板的位置

图 2.454　拉绳的位置

图 2.455　拉膜渲染效果

子任务 12　制作景观墙模型

①在顶视图中创建一个 1 000 mm×5 338 mm 的矩形,命名为"基墙01",如图 2.456 所示。

②单击【Modify】(修改) ✐/【Modifier List】(修改器列表)/【Edit Spline】(编辑样条线)命令,进入二维对象的子对象【Spline】(样条线)级别,设置轮廓为150,结果如图 2.457 所示。

③关闭当前选择集,选择视图中的图形,挤出 260,结果如图 2.458 所示。

④选择【Modifier List】(修改器列表)/【UVW Map】(UVW 贴图)修改器,在【Parameters】(参数)卷展栏中选择【Mapping】(贴图)选项组下的【Box】(长方体)单选按钮,将【Length】(长度)、【Width】(宽度)、【Height】(高度)分别设置为 1 500、1 500 和 1 200 mm,如图 2.459 所示。

图 2.456　创建的矩形

图 2.457　轮廓结果

图 2.458　挤出基墙 01

⑤在顶视图中创建一个 1 140 mm×5 483 mm 的矩形,命名为"基墙02",位置如图2.460 所示。

⑥单击【Modify】(修改) ✐/【Modifier List】(修改器列表)/【Edit Spline】(编辑样条线)命令,进入二维对象的子对象【Spline】(样条线)级别,设置轮廓为160,结果如图 2.461 所示。

图 2.459　参数设置

图 2.460　创建矩形

图 2.461　轮廓

⑦关闭当前选择集，选择"基墙 02"，挤出 100，然后在前视图中将"基墙 02"放置到"基墙 01"的上方，结果如图 2.462 所示。

⑧选择【Modifier List】(修改器列表)/【UVW Map】(UVW 贴图)修改器，在【Parameters】(参数)卷展栏中选择【Mapping】(贴图)选项组下的【Box】(长方体)单选按钮，将【Length】(长度)、【Width】(宽度)、【Height】(高度)分别设置为 1 500、1 500 和 1 200 mm。

⑨在前视图中创建一个 2 600 mm×2 000 mm 的矩形，如图 2.463 所示。

图 2.462　造型的位置　　　　　　　　　　　图 2.463　创建矩形

⑩在前视图中创建一个半径为 200 mm 的圆形，如图 2.464 所示。

⑪选择圆形，选择✥工具，同时按住【Shift】键移动复制 8 个小圆形，如图 2.465 所示。

⑫将"中墙"矩形和 9 个圆形附加到一起，然后挤出 200，命名为"中墙"，其位置如图 2.466 所示。

图 2.464　创建圆形　　　　图 2.465　移动复制圆形　　　　图 2.466　中墙的位置

⑬在前视图中创建一个 2 280 mm×2 390 mm 的矩形，命名为"右侧铁丝网边 01"，如图 2.467 所示。

⑭确认"右侧铁丝网边 01"处于选择状态，进入二维对象的子对象【Vertex】(顶点)级别，在【Geometry】(几何体)卷展栏中单击【Refine】(优化)按钮，在前视图中为"右侧铁丝网边 01"添加两个点，选择左侧的三个点将其属性设置为【Corner】(角点)，调整顶点的位置，如图 2.468 所示。

⑮在前视图中调整顶点的位置，如图 2.469 所示。

图 2.467　创建矩形　　　图 2.468　添加点并设置选择点的　　　图 2.469　调整点的位置
　　　　　　　　　　　　　　　　　属性为"角点"

⑯关闭选择集,并重新定义当前选择集为【Segment】(分段)级别,在前视图中选择左侧和卜边的两条线段,按【Delete】键删除,如图 2.470 所示。

⑰关闭选择集,重新将选择集定义为【Spline】(样条线)级别,设置轮廓为 70,并按【Enter】键设置出"右侧铁丝网边 01"的轮廓,如图 2.471 所示。

图 2.470　选择线段　　　　　　　　图 2.471　轮廓

⑱关闭选择集,选择【Modifier List】(修改器列表)/【Extrude】(挤出)命令,在【Parameters】(参数)卷展栏中将【Amount】(数量)设置为 50,位置如图 2.472 所示。

⑲在前视图中创建一个 2 018 mm×2 250 mm 的矩形,命名为"右侧铁丝网边 02",如图 2.473 所示。

图 2.472　"右侧铁丝网边 01"挤出后的位置　　　　图 2.473　创建矩形

⑳确认"右侧铁丝网边 02"处于选择状态,进入二维对象的子对象【Vertex】(顶点)级别,在【Geometry】(几何体)卷展栏中单击【Refine】(优化)按钮,在前视图中为"右侧铁丝网边 02"加点,选择左下角的三个点将其属性设置为【Corner】(角点),调整顶点的位置,如图 2.474 所示。

㉑在前视图中调整顶点的位置,如图 2.475 所示。

图 2.474　点的属性为"角点"　　　　图 2.475　调整点的位置

㉒将当前选择集定义为【Spline】(样条线)级别,设置轮廓为 80,按【Enter】键,设置出"右侧铁丝网边 02"的轮廓,如图 2.476 所示。

㉓关闭选择集,选择【Modifier List】(修改器列表)/【Extrude】(挤出)命令,在【Parameters】(参数)卷展栏中将【Amount】(数量)设置为 50,在顶视图中将其放置到"右侧铁丝网边

01"的位置处,如图 2.477 所示。

图 2.476 轮廓后 　　　图 2.477 "右侧铁丝网边 02"挤出后的位置

㉔使用【Line】(线)命令和【Circle】(圆)命令,在前视图中绘制二维线形,在【Rendering】(渲染)卷展栏中选择【Enable In Renderer】(在渲染中启用)和【Enable In Viewport】(在视口中启用)复选框,将【Thickness】(厚度)设置为 15 mm,如图 2.478 所示。

㉕将刚刚绘制的所有样条线附加在一起,命名为"铁丝网",位置如图 2.479 所示。

图 2.478 绘制的二维线形 　　　图 2.479 铁丝网的位置

㉖在顶视图中创建一个 500 mm×500 mm×2 330 mm 的长方体,命名为"立柱",其位置如图 2.480 所示。

㉗选择【Modifier List】(修改器列表)/【UVW Map】(UVW 贴图)修改器,在【Parameters】(参数)卷展栏中选择【Mapping】(贴图)选项组下的【Box】(长方体)单选按钮,将【Length】(长度)、【Width】(宽度)、【Height】(高度)分别设置为 800、800 和 800 mm。

㉘在顶视图中创建一个 600 mm×50 mm×1 500 mm 的长方体,命名为"立柱上 01",其位置如图 2.481 所示。

图 2.480 立柱的位置 　　　图 2.481 立柱上 01 的位置

㉙在顶视图中创建一个 380 mm×380 mm×400 mm 的长方体,命名为"立柱上 02",其位置如图 2.482 所示。

㉚在顶视图中创建一个 500 mm×500 mm×50 mm 的长方体,命名为"立柱上 03",其位

置如图 2.483 所示。

图 2.482　立柱上 02 的位置　　　　　图 2.483　立柱上 03 的位置

㉛在顶视图中创建一个 500 mm × 500 mm × 300 mm 的长方体,命名为"立柱上 04",位置如图 2.484 所示。

㉜同时选择"右侧铁丝网边 01""右侧铁丝网边 02""铁丝网""立柱""立柱上 01""立柱上 02""立柱上 03""立柱上 04",在菜单栏中选择【Group】(组)/【Group】(成组)命令,在弹出的对话框中将【Group name】(组名)命名为"右侧墙体",单击【OK】按钮。

㉝选择"右侧墙体",在前视图中,在工具栏中选择【Mirror】(镜像)工具,在弹出的对话框中选择【Mirror Axis】(镜像轴)为 X,将【Offset】(偏移)设置为 - 4 450,在【Clone Selection】(克隆当前选择)选项组中选择【Copy】(复制)单选按钮,单击【OK】按钮,效果如图 2.485 所示。

图 2.484　立柱上 04 的位置　　　　　图 2.485　镜像复制右侧墙体

㉞选择场景中的所有对象,成组并命名为"景观墙 01"。

㉟在工具栏中选择【Select and Move】(选择并移动)工具,在前视图中选择"景观墙 01",按住【Shift】键,沿 X 轴移动复制出一个"景观墙 02",如图 2.486 所示。

图 2.486　移动复制景观墙

㊱使用【Line】(线)命令和【Elipse】(椭圆)命令,在前视图中绘制二维线形,在【Rendering】(渲染)卷展栏中选择【Enable In Renderer】(在渲染中启用)和【Enable In Viewport】(在视窗中启用)复选框,将【Thickness】(厚度)设置为 50,绘制的二维线形如图 2.487 所示。

㊲选择刚刚绘制的所有二维线形,成组并命名为"景墙连接杆",放在合适的位置,渲染透视图,效果如图2.488所示。

图2.487 绘制的二维线形

图2.488 景观墙渲染效果

子任务13 制作传达室模型

①绘制基墙。单击【Rectande】(矩形)命令,在顶视图中创建一个1 500 mm×3 000 mm的矩形,命名为"基层墙体",如图2.489所示。

②单击【Modify】(修改)💾/【Modifier List】(修改器列表)/【Edit Spline】(编辑样条线)命令,进入【Vetex】(顶点)子对象级别,在顶视图中将"基层墙体"修改成如图2.490所示的形状。

③退出次物体编辑,挤出100,如图2.491所示。

图2.489 创建矩形并命名

图2.490 对矩形进行修改

图2.491 挤出后

④绘制值班室墙体。在前视图中选择"基层墙体",按住【Shift】键沿着Y轴移动复制一个,自动命名为"基层墙体01",如图2.492所示。

⑤选择"基层墙体01",选择【Editable Spline】(编辑样条线)修改器,进入【Spline】(样条线)级别,设置轮廓为75,生成"基层墙体01"的截面轮廓,如图2.493所示。

⑥退出次物体编辑,将【Ectrude】(挤出)修改器的数量修改为230,位置如图2.494所示。

图2.492 移动复制基层墙体

图2.493 基层墙体01
的截面轮廓

图2.494 基层墙体01的位置

⑦单击✛按钮,在前视图中选择"基层墙体",按住【Shift】键沿着Y轴移动复制一个,命名为"玻璃01"。

⑧选择"玻璃01",单击鼠标右键,在弹出的级联菜单中选择【Hide Unselected】(隐藏未

选择)项,在视图中只显示"玻璃01"。在修改器堆栈中选择【Editable Spline】(编辑样条线),进入【Spline】(样条线)级别,设置轮廓为25,结果如图2.495所示。

⑨继续在【Spline】(样条线)级别选择外侧的样条线,按【Delete】键删除,如图2.496所示。

⑩进入【Segment】(线段)级别,在顶视图中选择最上边的一段分段,按【Delete】键删除,位置如图2.497所示。

图2.495　轮廓结果　　　　　图2.496　删除外侧轮廓线　　　　图2.497　删除线段

⑪退出次物体编辑,挤出800,全部取消隐藏,将"玻璃01"放置到"基层墙体01"的上方,如图2.498所示。

⑫在前视图"基层墙体01"的上方创建一个800 mm×2 345 mm的矩形,命名为"侧墙01",如图2.499所示。

⑬确定"侧墙01"处于选择状态,将【Start New Shape】(开始新图形)取消选择,单击【Rectande】(矩形)命令,在前视图中创建一个210 mm×1 984 mm的小矩形,作为"侧墙01"的窗洞,位置如图2.500所示。

⑭将"侧墙01"挤出70,位置如图2.501所示。

图2.498　玻璃01的位置　　　　图2.499　创建矩形并命名　　　图2.500　小矩形的位置

⑮在左视图中选择"侧墙01",按住【Shift】键将其移动复制到另一侧,如图2.502所示。

⑯在前视图中创建长方体作为"窗楞",将其放置到"侧墙"的窗洞处,在一侧复制若干个后成组,命名为"侧窗框",然后将"侧窗框"复制到另一侧,结果如图2.503所示。

图2.501　侧墙01的位置　　　图2.502　移动复制侧墙01　　　图2.503　复制的侧窗框及其位置

⑰在前视图中创建一个272 mm×2 010 mm×0的长方体,命名为"侧墙玻璃",位置如图2.504所示。

⑱在左视图中绘制一个800 mm×1 450 mm的矩形,在这个矩形内部再创建一个267 mm×500 mm的矩形,将两个矩形附加在一起,挤出70,命名为"后墙体",位置如图2.505所示。

⑲用和第16步相同的方法绘制"后窗框",其位置如图2.506所示。

图2.504　侧墙玻璃的位置

图2.505　后墙体的位置

图2.506　后窗框的位置

⑳在顶视图门的位置创建一个长方体,大小视图形而定,如图2.507所示。

㉑在前视图中选择"基层墙体01",然后选择【Create】(创建)📐/【Geometry】(几何体)⭕/【Compound Objects】(复合对象)/【Boolean】(布尔)命令,在【Pick Boolean】(拾取布尔)卷展栏中单击【Pick Operand B】(拾取操作对象B)按钮,在场景中选择长方体对象,结果如图2.508所示。

㉒创建传达室的门。在前视图中使用捕捉顶点创建一个矩形,在这个矩形内部再创建一个876 mm×480 mm的矩形,将两个矩形附加在一起,挤出70,命名为"门框",位置如图2.509所示。

图2.507　创建长方体

图2.508　布尔后的效果

图2.509　门框的位置

㉓在前视图中根据门洞大小创建门的多个长方体,然后切换到📐面板,选择【Editable Mesh】(编辑网格)修改器,在【Edit Geometry】(编辑几何体)卷展栏中单击【Attach】(附加)按钮,将它们附加在一起并命名为"门",放于门洞处,如图2.510所示。

㉔在前视图中创建一个1 030 mm×30 mm×30 mm的长方体,命名为"玻璃竖隔断",然后在顶视图中以移动复制的方式复制5个,并分别将它们移动、旋转放于合适的角度位置,如图2.511所示。

㉕选择✛工具,在场景中选择"玻璃01",在前视图中按住【Shift】键沿着Y轴移动复制一个,并在弹出的对话框中将【Name】(名称)命名为"玻璃横隔断",单击【OK】按钮。

㉖确认"玻璃横隔断"处于被选择状态,在📐面板中选择修改堆栈中的【Ectrude】(挤出)修改器并将其拖曳至🗑按钮上删除。

图2.510　门的位置

图2.511　玻璃竖隔断的位置

图2.512　显示选择的对象

㉗在场景中选择"玻璃横隔断"和"侧墙01",单击鼠标右键,隐藏未选择对象,在视图中

只显示"玻璃横隔断"和"侧墙01"。如图2.512所示。

㉘选择"玻璃横隔断",在修改器堆栈中选择【Editable Spline】(编辑样条线),进入【Segment】(线段)子物体级,在顶视图中选择"玻璃横隔断"左侧的线段变红色,如图2.513所示,按【Delete】键将其删除。

㉙进入【Vertex】(顶点)子物体级,在顶视图中沿着X轴调整最左侧的点,将其调整到侧墙的位置处,如图2.514所示。

㉚进入【Spline】(样条线)子物体级,设置轮廓为-15,结果如图2.515所示。

图2.513 删除选择线段   图2.514 调整顶点位置   图2.515 轮廓后

㉛退出次物体编辑,挤出30,全部取消隐藏,复制一个,位置如图2.516所示。

㉜绘制装饰墙体。自己设计绘制装饰墙(绘制过程略),墙的厚度设置为100 mm,命名为"装饰墙",位置如图2.517所示。

㉝绘制楼顶版。在顶视图中创建一个1 600 mm×4 200 mm×200 mm的长方体,命名为"顶板",位置如图2.518所示。

图2.516 玻璃横隔断的位置   图2.517 装饰墙的   图2.518 顶板位置
                              形状和位置

㉞在前视图中创建6条线,命名为"装饰杆"。在【Rendering】(渲染)卷展栏中选择【Endble In Renderer】(在渲染中启用)和【Endble In Viewport】(在视口中启用)复选框,将【Thickness】(厚度)设置为50,如图2.519所示。

㉟渲染透视图,如图2.520所示,命名为"传达室.max"。

图2.519 装饰杆的位置   图2.520 传达室渲染效果

巩固训练

1. 绘制如图 2.521 所示的三款景观墙模型。

图 2.521　景观墙模型

2. 绘制如图 2.522 所示的两款树池座椅模型。

图 2.522　树池座椅

3. 绘制如图 2.523 所示的花架模型。

4. 绘制如图 2.524 所示的喷泉模型。

5. 绘制如图 2.525 所示的亭子模型。

图 2.523　花架模型　　　图 2.524　喷泉模型　　　图 2.525　亭子模型

6. 绘制如图 2.526 所示的升旗台模型。

7. 绘制如图 2.527 所示的建筑模型。

图 2.526　升旗台模型　　　　　　　　图 2.527　建筑模型

项目 3 表现材质的操作技能

材质是表现模型真实效果的重要手段,如果说模型是园林效果图的骨架,那么材质就是华丽的外衣。在 3ds Max 中,一个模型建立之后,其本身是不具备任何表面特征的,要模拟现实世界中模型表面的颜色、纹理、反光、透明度等属性,就需要使用 3ds Max 的材质和贴图来实现。为模型指定相应的材质和贴图,可以让它们呈现出更加真实、生动、逼真的视觉效果。

任务 1 材质编辑器的基本操作技能

子任务 1 认识材质编辑器

①按【Ctrl + O】键,打开"本书素材/项目 2/任务 5——二维转三维建模的操作技能/目标文件/相框模型.max"文件,如图 3.1 所示。该场景中有两个没有被赋予材质的模型——相框和画板,现在为其制作相应的材质。

②单击工具栏中的 ![icon]【Material Editor】(材质编辑器)按钮,或直接按键盘上的【M】键,打开如图 3.2 所示的【Material Editor】(材质编辑器)窗口。

图 3.1 打开的场景文件　　　图 3.2 【Material Editor】(材质编辑器)窗口

③选择一个材质球,在 按钮的后面命名为"画板",
如图3.3所示。

图3.3　命名材质

④直接使用3ds Max自带的【Standard】(标准材质)进
行画板材质的制作。单击【Diffuse】(漫反射)右侧的 小按钮,在弹出的【Material/Map
Browser】(材质/贴图浏览器)对话框中选择【Bitmap】(位图)选项,如图3.4所示,然后单击
【OK】按钮。

⑤在弹出的【Select Bitmap Image File】(选择位图图像文件)对话框中,选择"本书素材/
贴图/图片/园林小景01.jpg"文件,如图3.5所示,然后单击【打开】按钮,将位图载入。

图3.4　选择【Bitmap】(位图)　　　　　图3.5　选择图片

⑥单击 【Go to Parent】(返回上一级)按钮,返回到材质编辑器的第一层级。在场景中
选择"画板"模型,单击 【Assign Material to Selection】(将材质指定给选定的对象)按钮,将
材质赋给画板,然后再单击 【Show Map in Viewport】(在视口中显示贴图)按钮,使贴图在

视图中显示,以便观察贴图当前的效果,如图
3.6所示。

⑦在【Material Editor】(材质编辑器)中再
选择一个新的材质球,命名为"相框",用和上
面相同的方法,为其选择一张木质贴图(本书
素材/贴图/木材/12.jpg),渲染透视图,结果

图3.6　显示当前材质贴图　　图3.7　渲染效果

如图3.7所示。

说明:除了使用 按钮指定材质的方法以外,还可以直接在材质编辑器中拖动材质到
场景的物体上。

子任务2　转换材质类型

①按【Ctrl+O】键,打开"本书素材/项目2/任务5——二维转三维建模的操作技能/目
标文件/相框模型.max"文件,现在为其制作VRay材质。

说明:虽然VRay兼容3ds Max的绝大多数材质,但在使用VRay渲染时,使用VRay自带的材质,能得到最佳的渲染速度和效果。并且只有在将渲染器设置成【Vray渲染器】的情况下,VrayMtl材质类型才会显示出来。

②在弹出的【Material/Map Browser】(材质/贴图浏览器)对话框中选择【VRayMtl】选项,如图3.8所示,单击【OK】按钮,将【Standard】(标准材质)转换为VRayMtl材质。

③转换至VRayMtl材质后,材质参数卷展栏发生了变化,如图3.9所示。在园林效果图制作中,使用最多的是【Basic parameters】(基本参数)与【Maps】(贴图)卷展栏。单击展开【Basic parameters】(基本参数)卷展栏,如图3.10所示。图3.11所示的则为【Maps】(贴图)卷展栏参数。

图3.8　转换材质　　　图3.9　VRayMtl材质　　　图3.10　【Basic　　　图3.11　【Maps】(贴图)
　　　类型　　　　　　　　卷展栏　　　　parameters】(基本参数)卷展栏　　　卷展栏

④制作画板材质。首先调整【Basic parameters】(基本参数)内的【Diffuse】(漫反射)参数,可以看到该参数有一个色块和一个灰色的■按钮,前者习惯称之为"颜色通道",后者习惯称之为"贴图通道",这里由于要载入外部图像文件制作画板油画效果,因此,单击■(贴图通道)按钮,在弹出的【Material/Map Browser】(材质/贴图浏览器)对话框中选择【Bitmap】(位图)选项,选择载入"本书素材/贴图/图片/园林小景01.jpg"贴图,单击【打开】按钮。

⑤油画表面由于颜料的厚度不一,会有轻微的凹凸效果,要模拟出这个效果,就需要使用【Maps】(贴图)卷展栏内相应的【Bump】(凹凸)贴图通道。展开【Maps】(贴图)卷展栏,单击【Bump】(凹凸)通道【None】按钮,打开【Material/Map Browser】(材质/贴图浏览器),再次载入"园林小景01"贴图,通过设置【Bump】(凹凸)数值,可以控制凹凸效果的强弱。这里我们设置【Bump】(凹凸)数值为50,如图3.12所示。

说明:如果在贴图通道内使用相同的贴图,可以直接拖动已经添加贴图的按钮至另一个贴图按钮,在弹出的对话框中选择【Instance】(实例)或【Copy】(复制)选项,从而快速添加相同的贴图。

⑥在场景中选择"画板"模型,单击🔳按钮,将材质赋给画板,然后再单击🔳【Show Map in Viewport】(在视口中显示贴图)按钮,使贴图在视图中显示,以便观察贴图当前的效果。

⑦在【Material Editor】(材质编辑器)中再选择一个新的材质球,命名为"相框",转换材

质类型为 VRayMtl 材质,用和上面相同的方法,为其选择一张木质贴图(本书素材/贴图/木材/12.jpg),渲染透视图,最终结果如图 3.13 所示。

图 3.12　凹凸贴图通道载入位图及材质球效果　　　　　图 3.13　渲染效果

子任务 3　使用贴图通道

①按【Ctrl + O】键,打开"本书素材/项目 2/任务 5——二维转三维建模的操作技能/目标文件/木门.max"文件,如图 3.14 所示。我们为其制作细致的木纹凹凸效果。

②按【M】键,打开【Material Editor】(材质编辑器),选择一个空白的材质示例球,转换为 VrayMtl 材质类型。

③在【Basic parameters】(基本参数)卷展栏下,单击【Diffuse】(漫反射)后面的█(贴图通道)按钮,在弹出的【Material/Map Browser】(材质/贴图浏览器)对话框中选择【Bitmap】(位图)选项,选择载入"本书素材/贴图/木材/08.jpg"贴图,单击【打开】按钮。

④打开【Maps】(贴图)卷展栏,拖动【Diffuse】(漫反射)贴图通道后面的位图到【Bump】(凹凸)贴图通道,复制一个,设置【Bump】(凹凸)数值为 200。

⑤在场景中选择"木门"模型,单击█按钮,将材质赋给木门,渲染透视图,效果如图3.15所示。

图 3.14　打开的　　图 3.15　木门材质
　　　　场景文件　　　　　　渲染效果

子任务 4　使用颜色通道

①按【Ctrl + O】键,打开"本书素材/项目 2/任务 5——二维转三维建模的操作技能/目标文件/建筑外观.max"文件,如图 3.16 所示。现在为场景中的建筑外观制作蓝色乳胶漆材质。

②打开材质编辑器,将【Standard】(标准材质)转换为 VRayMtl 类型,命名为"乳胶漆材质"。

③单击【Diffuse】(漫反射)颜色色块(颜色通道),设置 RGB 值分别为 67、115 和 153 的蓝色,如图 3.17 所示。

④在场景中选择建筑外观,单击█按钮将材质赋给它,渲染效果如图 3.18 所示。

图 3.16　打开的场景文件　　　　图 3.17　调整漫反射颜色　　　　图 3.18　渲染效果

子任务 5　材质球的常用操作

①按【Ctrl + O】键,打开"本书素材/项目 3/任务 8——材质编辑器基本操作技能/模型/材质球的使用. max"文件,如图 3.19 所示。

②按【M】键,打开材质编辑器,可以看到材质槽内有 7 个已经调整好材质的材质球,如图 3.20 所示。

③打开一个现有的场景时,如果了解某个材质具体指定了场景中的哪些模型,可以按下列方法进行操作。选择该材质所在的材质球,单击右侧工具列中的 █【Select by Material】(按材质选择)按钮,打开如图 3.21 所示的对话框,其中呈蓝色高亮显示的物体,就是赋予了该材质的模型。

图 3.19　打开的场景

图 3.20　打开材质编辑器

图 3.21　按材质选择物体

图 3.22　更改材质球采样类型

④调整材质球采样类型。单击工具列中的 █【Sample Type】(采样类型)按钮,在弹出的如图 3.22 所示的按钮组中,可以将材质采样类型更换为其他形状。

⑤对于玻璃等透明且有反射特点的材质,可以按其下面的 █【Backlight】(背光)与 █【Background】(背景)按钮,在材质球内预览材质的透明和反射效果。

> 说明:材质球是材质的载体,要编辑某个材质,首先应将它载至某个材质球,熟练掌握材质球的常用操作,是创建和编辑材质的基础。

子任务 6　管理材质槽

①按【Ctrl + O】键,打开"本书素材/项目 3/任务 8——材质编辑器基本操作技能/模型/材质槽的整理. max"文件,如图 3.23 所示。现在对材质槽进行整理。

②按【M】键,打开材质编辑器,可以看到有 7 个编辑好的材质球随机地分布在材质槽内,如图 3.24 所示,整个材质槽显得有些凌乱。

③对材质槽进行整理。在【Material Editor】(材质编辑器)对话框中,单击【Utilities】(工具)/【Condense Material Editor Slots】(精简材质编辑器窗口)命令,如图 3.25 所示。

图 3.23　打开的场景　　　　图 3.24　当前材质槽　　　图 3.25　选择精简
　　　　　　　　　　　　　　　　　　　　　　　　　　　　　　材质球命令

④此时【Material Editor】（材质编辑器）窗口即更新如图 3.26 所示，可以发现编辑的材质已经整齐地排列到第一行，但只剩下 1 个，这是因为系统在整理材质槽时，会自动删除未赋予任何模型的材质。

⑤如果要恢复删除的材质，可以选择图 3.25 中的【Restore Material Editor Slots】（还原材质编辑器窗口）命令，将材质槽状态还原至如图 3.24 所示的状态。

⑥若选择图 3.25 中的【Reset Material Editor Slots】（重置材质编辑器窗口）命令，可以复位材质槽中所有的材质，得到如图 3.27 所示的材质槽效果。

⑦如果场景材质超过 24 个，材质球不够用时，选择编辑完成并已经指定给场景模型的材质槽，单击示例窗下方水平工具栏中的【Reset Map/Mtl to Default Settings】（重置贴图/材质为默认设置）按钮，这时系统会弹出【Material Editor】（材质编辑器）提示框，如图 3.28 所示。

图 3.26　精简后的材质槽　　　图 3.27　重置后材质槽显示　　　图 3.28　编辑材质提示框

⑧单击【是】按钮，当前示例窗材质被复位，又可以重新编辑其他材质。场景中指定该材质的模型不受任何影响。下次需要继续编辑该材质时，使用工具从场景物体上取回至材质槽中即可。

子任务 7　建立材质库

①按【Ctrl + O】键，"本书素材/项目 3/任务 8——材质编辑器基本操作技能/模型/材质库的建立.max"文件，如图 3.29 所示。现在用该场景包含的材质建立材质库。

②按【M】键，打开材质编辑器，可以发现材质槽中只有一个大理石材质，其余均为空白材质，如图 3.30 所示，要建立材质库，必须将场景中的材质一一拾取至材质槽中。

③拾取场景材质的一种方法，选择一个空白的材质球，单击材质名称文本框前的按

钮,在场景模型上方单击鼠标,快速拾取模型材质到当前材质球,吸取地板的光滑地砖材质,如图3.31所示。

| 图3.29　打开的场景 | 图3.30　当前材质槽显示 | 图3.31　通过吸管工具获取材质 |

④另一种方法是单击材质工具栏左侧的 【Get Material】(获取材质)按钮,打开【Material/Map Browser】(材质/贴图浏览器)窗口,在左侧列表中选择材质的来源——【Scene】(场景),此时右侧就会罗列出场景中当前所有的材质,双击其中某材质,就可以获取该材质。

⑤使用上面的任意一种方法,将需要放入材质库的材质拾取至当前材质槽。

⑥材质入库。选择"大理石"材质球,在【Material Editor】(材质编辑器)窗口中单击工具栏上的 【Put to Library】(放入库)按钮,在弹出的【Put to Library】

图3.32　【Put to Library】(入库)对话框　(入库)对话框中命名材质,如图3.32所示。单击【OK】按钮确认,该材质即列入材质库内了。

⑦所有的材质都可以通过这种方式存入材质库。如果要删除当前材质库内的某个材质,在材质列表中选择该材质,单击 【Delete From Library】(从库中删除)按钮即可。

子任务8　保存材质库

①使用上面"子任务5"中的方法,将需要保存的材质存入材质库。

②按【M】键,打开材质编辑器,单击材质编辑器中的 【Get Material】(获取材质)按钮,打开【Material/Map Browser】(材质/贴图浏览器)对话框,选择【Mtl Library】(材质库)选项,然后单击【Save】(保存)或【Save As】(另存为)按钮,就能将当前材质库内所有的材质以"mat"为后缀名的文件格式保存到指定的位置。

> 说明:要实现不同场景材质的调用,需要将材质库保存为后缀名为"mat"的材质文件。

③当材质库新添或删除了材质,可以单击【Save】(保存)按钮更新材质库。

子任务9　调用材质库

①启动3ds Max,新建一个场景,按【M】键,打开材质编辑器,单击材质工具栏左侧的 【Get Material】(获取材质)按钮,打开【Material/Map Browser】(材质/贴图浏览器),选择材质来源为【Mtl Library】(材质库)。

②单击【Open】(打开)按钮,在弹出的对话框中,选择保存的材质库文件,即可调入该材质库保存的所有材质。

③若单击图中的【Merge】(合并)按钮,则可以将材质库文件中的材质添加至当前材质库。

> 说明:在调用材质库材质时,有时会发现某些材质库无法显示,这是因为当前渲染器与材质不匹配,此时将当前渲染器切换为与该材质匹配的渲染器即可。

子任务10 合并材质库

①按【Ctrl + O】键,打开"本书素材/项目3/任务8——材质编辑器基本操作技能/模型/材质库的合并. max"文件。

②按【M】键,打开材质编辑器,单击材质工具栏左侧的 【Get Material】(获取材质)按钮,选择材质来源为【Mtl Library】(材质库),可以发现此时材质库已经有了材质。

③单击【Merge】(合并)按钮,选择一个新的材质库文件,单击【Open】(打开)按钮,此时会弹出【Merge】(合并)对话框,该对话框中罗列了该材质库所有的材质,此时可以选择其中的若干个材质,或者单击【All】(全部)按钮选择所有的材质,单击【OK】按钮确认。该材质库中的材质便可合并到当前材质库中。

> 说明:材质库中的【Merge】(合并)命令,不但可以调用整个材质库,还能有选择地合并材质库中的若干个材质。

巩固训练

1. 熟悉材质编辑器的基本操作。
2. 练习转换材质类型。
3. 在场景中创建基本模型,在贴图通道中编辑材质并给赋。
4. 在场景中创建基本模型,在颜色通道中编辑材质并给赋。
5. 创建一个材质库,并合并现有的材质。

任务2 VRay 基础操作技能

子任务1 使用【VRay Proxy】(VRay 代理)创建一个树丛效果

①首先创建一个"＊. vrmesh"文件格式的代理物体。在场景中创建一个植物,单击【Create】(创建)/【Geometry】(几何体)/【AEC Extended】(AEC 扩展)/【Foliage】(植物)/【American Elm】(美洲榆)命令,在顶视图创建一棵美洲榆,确认美洲榆处于选择状态,然后右击鼠标,在弹出的快捷菜单中选择【V-Ray mesh export】(V-Ray 网格导出)命令,如图3.33所示。

图3.33　【V-Ray mesh export】命令

②在弹出的【V-Ray mesh export】(V-Ray 网格导出)对话框中为文件指定一个路径,命名为"美洲榆",然后单击【OK】(确定)按钮,如图 3.34 所示。

③单击命令面板中的【Create】(创建)/【Geometry】(几何体)/【VRay】/【VRay Proxy】(VR 代理)/【Browse】(浏览)按钮,在弹出的【Choose external mesh file】(选择外部网格文件)对话框中选择代理物体文件,单击【打开】按钮,如图 3.35 所示。然后在顶视图中多次单击鼠标即可代替物体导入当前的场景中。

④框选场景中的所有树木,将其统一颜色;在顶视图中创建一个长方体模拟地面,然后激活透视图,按下【Shift + Q】组合键,渲染透视图,结果如图 3.36 所示。

图 3.34　【V-Ray mesh export】
　　　　　对话框

图 3.35　【Choose external mesh
　　　　　file】对话框

图 3.36　树丛效果

子任务 2　使用【VrayFur】(VRay 毛发)创建一个草地效果

①打开"本书素材/项目 3/任务 9——VRay 基础操作技能/模型/草地材质模型.max"文件,如图 3.37 所示。

②选择草地模型,单击【Create】(创建)/【Geometry】(几何体)按钮,进入几何体创建面板选择 VRay 物体类型,单击【VrayFur】(VR 毛发)创建按钮为草地模型添加毛发,如图 3.38 所示。

③设置毛发参数如图 3.39 所示。

图 3.37　打开的场景

图 3.38　为草地添加 VR 毛发

图 3.39　参数设置

说明:一般只需要调整其【Length】(长度)、【Gravity】(重力)与【Distribution】(分配)方式参数即可,其中长度参数控制毛发的长度,重力参数控制毛发生长的方向,分配参数控制毛发的数量。

④创建 VR 毛发模型后,还需要为其制作一个材质,控制毛发的颜色,这里使用 VRayMtl 材质制作,调整相应的【Diffuse】(漫反射)颜色即可,如图 3.40 所示。

⑤在场景中选择代表草地的地面和毛发,然后单击 按钮,将材质赋给它,再单击 按钮,按【Shift + Q】组合键渲染透视图,最终草地模型渲染及细节放大效果如图 3.41 所示。

图 3.40 调整漫反射颜色   图 3.41 草坪效果

说明:【VrayFur】(VRay 毛发)对象不能单独使用,它必须依附于场景中的某一个对象,且只有在渲染时才能查看毛发效果。但是,在真实感增强的同时,渲染速度也会大大地减缓。

子任务 3 使用【VRayDisplacementMod】(VRay 置换模式)制作一盆植物

①单击【Create】(创建)/【Geometry】(几何体)/【Standard Primitives】(标准基本体)/【Sphere】(球体)命令,在视图中创建一个半径为 1 000 的球体,如图 3.42 所示。

②在修改器列表中执行【VRayDisplacementMod】(VRay 置换模式)命令,将当前的渲染器指定为 VRay 渲染器,在【Parameters】(参数)卷展栏中选择【3D mapping】(3D 映射)方式,设置【Amount】(数量)为 400,如图 3.43所示。

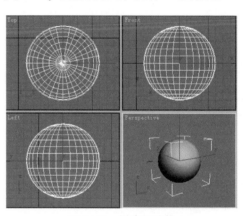

图 3.42 创建的球体

③激活透视图,按下【Shift + Q】组合键,渲染透视图,结果如图 3.44 所示。

图 3.43 参数设置

④使用【Line】(直线)命令绘制花茎,再使用【Copy】(复制)、【Select and Rotate】(选择并旋转)、【Select and Uniform Scale】(选择并均匀缩放)、【Select and Move】(选择并移动)等命令,完成一株植物的制作,如图 3.45 所示。

⑤单击【File】(文件)/【Merge】(合并)命令,打开"本书素材/项目 3/任务 5/模型/花盆. max"文件,然后使用【Select and Uniform Scale】(选择并均匀缩放)、【Select and Move】(选择并移动)等命令,将花盆摆放到合适的位置,最终渲染效果如图 3.46 所示。

图 3.44 毛球效果   图 3.45 一株植物   图 3.46 一盆植物

子任务4　应用【VRayHDRI】(VRay高动态范围贴图)的操作技能

①打开"本书素材/项目3/任务9——VRay基础操作技能/模型/高动态范围贴图场景.max"文件,如图3.47所示。

②单击■按钮,打开【Render Scene】(渲染场景)对话框,在【Render】(渲染)选项卡下展开【VRay:Environment】(VRay环境)卷展栏,点【Skylight】(天光)下面的贴图开关,在弹出的【Materiao/Map Browser】(材质/贴图浏览器)对话框中,选择【VRayHDRI】贴图,如图3.48所示。

③按【M】键,打开【Material Editor】(材质编辑器),将【VRayHDRI】贴图用鼠标拖放到一个空白的材质球,以【Instance】(实例)的方式复制此贴图到材质球,结果如图3.49所示。

图3.47　打开的场景渲染效果

图3.48　载入【VRayHDRI】贴图

图3.49　实例复制【VRayHDRI】贴图到材质球

图3.50　选择一张【VRayHDRI】贴图

④在【Material Editor】(材质编辑器)对话框中,单击【Parameters】(参数)卷展栏下的【Browse】(浏览)按钮,从中打开"本书素材/贴图/HDRI/003.hdr"文件,如图3.50所示。

⑤在【Parameters】(参数)卷展栏下设置【Multiplier】(倍增)为2,如图3.51所示。

⑥在【VRay:Environment】(VRay环境)卷展栏下,将HDRI贴图再以实例的方式复制到【Reflection/refraction environment override】(反射和折射环境)里,如图3.52所示。

⑦渲染透视图,效果如图3.53所示。

图3.51　参数设置

图3.52　实例复制【VRayHDRI】贴图

图3.53　渲染效果

说明:一般计算机在表示图像的时候是用8 bit(256)级或16 bit(65536)级来区分图像的亮度的,但这区区几百或几万级无法再现真实自然的光照情况。超过这个范围时就需要用到HDRI贴图来实现。

巩固训练

1. 使用【VRay Proxy】（VRay 代理）创建一个花丛效果。

2. 使用【VrayFur】（VRay 毛发）创建一个地毯效果。

3. 使用【VRayDisplacementMod】（VRay 置换模式）制作一个毛球效果。

4. 练习使用【VRayHDRI】（VRay 高动态范围贴图）进行操作。

任务3 编辑常用贴图材质的操作技能

子任务1 【UVW 贴图坐标】的操作技能

1）一般贴图的操作步骤

①在顶视图中创建一个正方体。

②单击【M】键，打开【Material Editor】（材质编辑器），单击【Diffuse】（漫反射）后面的灰色钮，在打开的【Material/Map Browser】（材质/贴图浏览器）中双击【Checker】（棋盘格）贴图材质。用鼠标将材质直接拖拽至场景对象上，单击【Show Map in Viewport】（在视口中显示贴图）按钮，完成场景对象的材质赋予过程，如图 3.54 所示。

图 3.54 赋予物体【棋盘格】材质

③在【Coordinates】（坐标）卷展栏下，设置【Offset】（偏移）选项下的【U】和【V】值，结果如图 3.55 所示。

④在【Coordinates】（坐标）卷展栏下，设置【Tiling】（平铺）类下的【U】和【V】值，结果如图 3.56 所示。

U:1 V:1 U:2 V:2 U:3 V:3

图 3.55 调整【Offset】（偏移）参数的作用

U:1 V:1 U:2 V:2 U:3 V:3

图 3.56 【Tiling】（平铺）参数的作用

⑤在【Coordinates】（坐标）卷展栏下，设置【Angle】（角度）类下的【W】值，结果如图 3.57 所示。

⑥调整贴图。单击主菜单中的【Modify】（修改器）/【UVW Map】（UVW 贴图）命令。在命令面板中的【Mapping】（贴图）项下选择【Box】（长方体）复选项，再单击【Alignment】（对齐）项下的【Fit】（适配）按钮。

⑦打开修改器堆栈中【UVW Map】（UVW 贴图）前面的"＋"号，选择【Gizmo】（线框）项，如图 3.58 所示。

⑧在视图中使用【移动】、【旋转】和【缩放】等命令，调整【Gizmo】的位置（显示贴图范围的黄色网框），则立方体表面的贴图会跟随 Gizmo 的变化而变化。最终结果如图 3.59 所示。

W:45　　　W:60　　　W:100

图3.57　【Angle】(角度)参数的作用

图3.58　选择
【Gizmo】项

图3.59　移动、旋转、
缩放Gizmo的结果

2)次对象贴图——编辑坡面屋顶材质

有些对象的贴图坐标相对麻烦一些,如两面坡屋顶。如果用单一贴图方式,难以准确贴图。为了能够准确地对坡屋顶赋予材质贴图,就必须分别为两个坡面赋予不同的贴图坐标,为此来制作次对象贴图——坡面屋顶贴图。

①创建人字形屋顶。在顶视图创建一个100 mm×170 mm×60 mm的长方体,如图3.60所示。

图3.60　创建的长方体
及其参数

图3.61　缩放顶点

图3.62　人字形屋顶

②单击右键,选择转换为【Editable Poly】(可编辑多边形),以【Vertex】(顶点)次级在前视图中沿【X】轴进行缩放,如图3.61所示。

③激活左视图,继续以【Vertex】(顶点)次级沿【X】轴进行压缩,直至不能压缩为止,得到如图3.62所示的人字形屋顶,并取消次级选择。

④按下【M】键,打开材质编辑器,编辑屋顶材质,并将编辑好的屋顶材质赋予屋顶,如图3.63所示。渲染透视图,发现屋顶贴图不能按我们预想的正确显示。

⑤选择修改器列表中的【Mesh Select】(网格选择)命令,选中【Polygon】(多边形)次级,在视图中选中屋顶的三角面,如图3.64所示。在这种次对象选择状态下单击【UVW Map】(UVW贴图)命令,此时修改器堆栈列表中UVW贴图名字后面出现"灰色方块",如图3.65所示,表示当前的UVW贴图作用于【Mesh Select】(网格选择)所选择的面片。

本书素材/贴图/瓦/瓦0.4.jpg

图3.63　将屋顶材质赋予屋顶

图3.64　选择屋顶的三角面

图3.65　灰色
方块

⑥激活透视图,单击UVW贴图修改面板下的【Normal Align】(法线对齐)按钮,然后再单击所选择的坡面,面片法线清晰可见,此时坐标与所选择的面片对齐,释放鼠标左键,完成对齐,如图3.66所示。

⑦单击UVW贴图修改面板下的【Fit】(适配)按钮,使贴图坐标与坡面完全吻合。

⑧重复⑤—⑦，分别重新应用网格选择，选择目标【Polygon】（多边形）再应用【UVW Map】（UVW贴图）命令，为另外三个坡面分别赋予贴图坐标，如图 3.67 所示。

⑨打开材质编辑器，调整【Coordinates】（坐标）卷展栏下【Tiling】（平铺）栏下的 U、V 值均为 2，如图 3.68 所示。最终渲染效果如图 3.69 所示。

图 3.66　法线对齐

图 3.67　为坡面赋予贴图坐标

图 3.68　参数设置

图 3.69　坡面屋顶贴图

图 3.70　打开的场景文件

子任务 2　【Bitmap】（位图）贴图操作技能

1）台历面贴图

①打开"本书素材/项目 3/任务 10——创建常用贴图的操作技能/模型/台历. max"文件，如图 3.70 所示。

②按下【M】键，在弹出的【Material Editor】（材质编辑器）对话框中选择一个空白的样本示例球。单击【Maps】（贴图）前面的"+"号，就可以看到各种贴图通道，如图 3.71 所示。

③单击【Diffuse Color】（漫反射颜色）后面的【None】按钮，弹出【Material/Map Browser】（材质/贴图浏览器）对话框，选择【Bitmap】（位图），然后单击【OK】按钮，弹出【Select Bitmap Image File】（选择位图图像文件）对话框，选择"本书素材/贴图/人物/人物 01. jpg"文件，单击【打开】按钮，这样该位图就添加到【Diffuse Color】（漫反射颜色）贴图通道上，此时【材质编辑器】如图 3.72 所示。

④单击【Material Editor】（材质编辑器）工具行中的 按钮，把材质赋给场景中的"台历封面"物体，单击 按钮，在视图中显示材质，如图 3.73 所示。

图 3.71　贴图通道　　图 3.72　位图参数面板

⑤在【Bitmap Parameters】（位图参数）卷展栏下，单击【View Image】（查看图像）按钮，对贴图进行剪裁，将上面的边留小点，如图 3.74 所示。

⑥调节好之后，勾选【Apply】（应用）项，最终渲染结果如图 3.75 所示。

图 3.73 位图贴图效果

图 3.74 剪裁贴图

图 3.75 渲染效果

2）制作砖墙材质

①在顶视图中创建一个 15 mm×250 mm×120 mm 的长方体,命名为"墙体",如图 3.76 所示。

②按下【M】键,打开【Material Editor】(材质编辑器)对话框,选择一个新的材质球,使用默认的【Standard】(标准)材质。将材质命名为"砖墙",基本参数设置如图 3.77 所示。

③单击【Diffuse】(漫反射)右侧的小按钮,在弹出的对话框中选择【Bitmap】(位图)选项,在弹出的【Select Bitmap Image File】(选择位图图像文件)对话框中选择"本书素材/贴图/砖墙/砖墙9.jpg"文件,单击【打开】按扭。

④设置【Coordinates】(坐标)卷展栏下的【Blur】(模糊)为 0.1,这样可以使贴图更加清晰。

⑤单击 ⬆ 按钮,回到父对象,在【Maps】(贴图)卷展栏下将【Diffuse Color】(漫反射颜色)中的位图复制到【Bump】(凹凸)通道中,将数量设置为 60 左右。

⑥在视图中选择墙体,单击 按钮,将"砖墙"材质赋给墙体,单击 按钮即可显示纹理,渲染效果如图 3.78 所示。

图 3.76 创建的墙体

图 3.77 基本参数设置

图 3.78 砖墙渲染效果

> 说明:【Bitmap】(位图)贴图是 3ds Max 程序贴图中最常用的贴图类型。它支持多种图像格式,如 .gif,.jpg,.psd,.tif 等图像,因此可以将实际生活中造型的照片图像作为位图使用,如大理石图片、木纹图片等。调用这种位图可以真实地模拟出实际生活中的各种材料。

子任务3 【Gradient】(渐变)贴图——编辑牵牛花材质

①打开"本书素材/项目3/任务10——创建常用贴图的操作技能/模型/牵牛花.max"文件,如图 3.79 所示。

②单击【Material Editor】(材质编辑器) 按扭,打开材质编辑器,选择一个空白的样本

示例球,在【Shader Basic Parameters】(明暗器基本参数)卷展栏下勾选【2-Sided】(双面)。然后单击【Diffuse】(漫反射)色块后面的方形按钮,在弹出的【Material/Map Browser】(材质/贴图浏览器)对话框中,双击【Gradient】(渐变),即为【Diffuse Color】(漫反射颜色)通道加入了一个【Gradient】(渐变)贴图,打开的【Gradient Parameters】(渐变参数)卷展栏如图 3.80 所示。

图 3.79 打开的场景文件

③在【Gradient Properties】(渐变参数)卷展栏中,设置【Color #1】(颜色 #1)的 R、G、B 分别为 64、0、136;【Color #2】(颜色 #2)的 R、G、B 均为 255;【Color #3】(颜色 #3)的 R、G、B 也均为 255,如图 3.81 所示。

④选择视口中的两朵牵牛花,单击【Assign Material to Selection】(将材质指定给选定对象) 按钮,将编好的材质赋予物体,最终渲染效果如图 3.82 所示。

图 3.80 【Gradient Parameters】
(渐变参数)卷展栏

图 3.81 【渐变参数】卷展栏

图 3.82 渐变贴图效果

说明:【Gradient】(渐变)贴图可以产生三色(或 3 个贴图)的渐变过渡效果,它有线性渐变和放射渐变两种类型,三个色彩和相互区域的比例大小均可随意调整,通过贴图可以产生无限级别的渐变和图像嵌套效果,另外自身还有【Noise】(噪波)参数可调,用于控制相互区域之间融合产生杂乱效果。

子任务 4 【Gradient Ramp】(渐变坡度)贴图——编辑光盘材质

图 3.83 打开的场景文件

①打开"本书素材/项目 3/任务 10——创建常用贴图的操作技能/模型/光盘. max"文件,如图 3.83 所示。

②打开材质编辑器,选择一个空白的样本示例球,在【Blinn 基本参数】卷展栏中设置【Specular Levet】(高光级别)为 57,【Glossiness】(光泽度)为 31,如图 3.84 所示。

③打开【Maps】(贴图)卷展栏,单击【Reflection】(反射)后面的 None 按钮,在弹出的【Material/Map Browser】(材质/贴图浏览器)对话框中,双击【Mask】(遮罩)贴图并进入其属性面板,如图 3.85 所示。

④单击【Map】(贴图)后面的 None 按钮,在打开的【Material/Map Browser】(材质/贴图浏览器)对话框中,双击【Gradient Ramp】(渐变坡度)贴图进入其属性面板,编辑并设置【Gradient Ramp Parameters】(渐变坡度参数)卷展栏,如图 3.86 所示。

图 3.84　基本参数设置　　图 3.85　【Mask】(遮罩)　　图 3.86　渐变坡度参数设置
参数面板

说明:色块由左向右依次为红、橙、黄、绿、青、蓝、紫、白。由于光盘表面的光斑呈发射状,因此要将【Gradient Type】(渐变类型)设置为【Radial】(径向)方式。

⑤打开【Coordinates】(坐标)卷展栏,修改相关参数,如图 3.87 所示。

⑥单击【Go to Parent】(转到父对象)按钮回到上级目录,单击【Mask】(遮罩)后面的 None 按钮,在弹出的【Material/Map Browser】(材质/贴图浏览器)对话框中,双击【Gradient】(渐变)贴图并进入其属性面板,编辑并设置【Gradient Parameters】(渐变参数)卷展栏,如图 3.88 所示。

⑦打开【Coordinates】(坐标)卷展栏,修改相关参数,如图 3.89 所示。

图 3.87　【Coordinates】(坐标)　图 3.88　【Gradient Parameters】　图 3.89　【Coordinates】(坐标)
参数设置　　　　　(渐变参数)设置　　　　　　参数设置

⑧在场景中选择光盘片,单击按钮,将当前材质赋予它,渲染效果如图 3.90 所示。

⑨再选择一个空白的样本示例球,在【Blinn 基本参数】卷展栏中设置【Specular Levet】(高光级别)为 66,【Glossiness】(光泽度)为 10,如图 3.91 所示。

⑩打开【Maps】(贴图)卷展栏,单击【Refraction】(折射)后面的 None 按钮,在弹出的【Material/Map Browser】(材质/贴图浏览器)对话框中,双击【Raytrace】(光线跟踪),打开【Raytrace Parameters】(光线跟踪参数)卷展栏,参数默认。

⑪在场景中选择光盘内圈,单击按钮,将当前材质赋予它,渲染效果如图 3.90 所示。渲染透视图,最终效果如图 3.92 所示。

图 3.90　光盘片渲染效果　　　图 3.91　参数设置　　　图 3.92　光盘渲染效果

说明:【Gradient Ramp】(渐变坡度)贴图是可以使用许多颜色的高级渐变贴图,它常用在漫反射通道中,在它的卷展栏里可以设置渐变的颜色及每种颜色的位置。并且还可以利用下面的【Noise】(噪波)选项组来设置噪波的类型和大小,使渐变的过渡看起来不那么规则,从而增加渐变的真实程度。

子任务 5   【Tiles】(平铺)贴图——编辑马赛克材质

①在顶视图中创建一个 400 mm × 300 mm × 10 mm 的长方体。

②打开材质编辑器,选择一个空白的材质样本球,在【Blinn 基本参数】卷展栏中设置材质的反光度,如图 3.93 所示。

图 3.93   设置反光度

③单击【Difftse】(漫反射)色块后面的方形按钮,在弹出的【Material/Map Browser】(材质/贴图浏览器)对话框中,双击【Tiles】(平铺)选项,即为【Diffuse Color】(漫反射颜色)通道加入了一个【Tiles】(平铺)贴图。此时材质编辑器中会弹出【Tiles】(平铺)贴图类型的参数面板。向上拖动参数面板,单击最下方的【Advanced Controls】(高级控制)卷展栏按钮,将其展开,如图 3.94 所示。

④在【Advanced Controls】(高级控制)卷展栏中设置马赛克材质的颜色、砖块大小、混合色彩、灰缝的颜色以及粗细等参数,如图 3.95 所示。

⑤选择视口中的长方体,单击 按钮,将编好的材质给赋于物体,渲染效果如图 3.96 所示。

RGB分别是 171、171、230

RGB均为221

图 3.94 【Advanced Controls】   图 3.95   参数设置   图 3.96   马赛克渲染效果
　　　(高级控制)卷展栏

说明:【Tiles】(平铺)贴图是专门用来创建砖块效果的,它常用在漫反射贴图通道中,有时也可在【Bump】(凹凸)贴图通道中使用。

子任务 6   【Checker】(棋盘格)贴图——编辑石材地面材质

①在顶视图中创建一个 400 mm × 300 mm × 10 mm 的长方体。

②打开材质编辑器,选择一个空白的样本示例球。单击【Diffuse】(漫反射)色块后面的方形按钮,在弹出的【材质/贴图浏览器】(Material/Map Browser)对话框中,双击【Checker】(棋盘格),即为【Diffuse Color】(漫反射颜色)通道加入了一个【Checker】(棋盘格)贴图,此时材质编辑器下方展开【Checker Parameters】(棋盘格参数)参数面板,如图 3.97 所示。

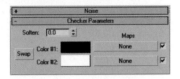

图 3.97　棋盘格参数面板

③下面用贴图来替换两种颜色。单击第一个 None 按钮,在弹出的对话框中双击【Bitmap】(位图)按钮,从【Select Bitmap Image File】(选择位图文件)对话框中,找到"本书素材/贴图/石材/008.jpg"贴图。

④单击样本球下方的 按钮,返回【Checker Parameters】(棋盘格参数)参数面板,再单击下面一个 None 按钮,以同样的方法调出"本书素材/贴图/石材/005.jpg"贴图。再次单击 按钮,在【Coordinates】(坐标)卷展栏中设置平铺的次数,如图 3.98 所示,将石材块缩小。

⑤再次单击 按钮,返回基本参数面板,将石材【Specudlar Highlights】(反射高光)参数设置为如图 3.99 所示的状态,使石材有一定的光泽感,以表现石材的属性。

⑥选择视图中的长方体,单击 按钮,将材质赋给它,再单击 按钮,按【Shift + Q】组合键渲染透视图,最终效果如图 3.100 所示。

图 3.98　设置平铺次数

图 3.99　基本参数设置

图 3.100　棋盘格贴图效果

【棋盘格】贴图类型是由方格形的黑白颜色块相互交错而组成的图案。操作时,可以将黑白两色替换成其他颜色,也可以用两种贴图来替代,这种贴图常用于制作地面、砖墙等效果。

子任务 7　【Flat Mirror】(平面镜像)贴图——创建地面反射材质

从图 3.100 中可以发现,虽然应用【Checker】(棋盘格)贴图类型制作了石材地面,但是它不具有现实生活中反射倒影的属性,本子任务就应用【Flat Mirror】(平面镜像)贴图为其制作倒影效果。

①打开上面制作的"石材地面.max"文件,在顶视图中绘制一个半径为 30 的球体,位置如图 3.101 所示。

②单击 按扭,打开材质编辑器,确认已编辑的棋盘格地面材质的样本球处于被激活的状态,打开【Maps】(贴图)卷展栏,展开 12 个贴图通道,可以看到【Checker】(棋盘格)贴图类型已经在【Difftse】(漫反射)贴图通道上。单击【Reflection】(反射)贴图通道后面的 None 按钮,从【Material/Map Browser】(材质/贴图浏览器)对话框中双击【Flat Mirror】(平面镜)贴图类型。

③此时会弹出【Flat Mirror Parameters】(平面镜参数)面板,在其中勾选【Apply to Faces with ID:】(应用于带 ID 的面)选项,如图 3.102 所示。

④单击 按钮,返回【Reflection】(反射)贴图通道,将该通道【Amount】(数量)文本框中的 100 调节为 50,按【Shift + Q】组合键渲染透视图,效果如图3.103所示。

图 3.101　球体的位置　　　　　图 3.102　平面镜像参数面板　　图 3.103　平面镜贴图制作
　　　　　　　　　　　　　　　　　　　　　　　　　　　　　　的反射倒影

 知识链接

模拟反射倒影的贴图类型有【Flat Mirror】(平面镜像)、【Raytracer】(光线跟踪)、【Reflect/Refract】(反射/折射)以及【Thin Wall Refraction】(薄壁折射)。它们都应用在 12 个贴图通道中的【Reflect】(反射)或【Refract】(折射)通道中。

● 【Flat Mirror】(平面镜像)是应用最为广泛的一种贴图类型。但它只能计算出平面物体的反射倒影,而不能计算曲面的物体。该贴图类型能准确地产生镜像效果,而且渲染速度快。在效果图制作的过程中,制作水面反射、地面反射、家具台面反射、玻璃幕墙反射时大多使用该贴图类型。

● 【Raytracer】(光线跟踪)贴图类型能计算出真实的反射效果,但是渲染速度太慢。它既能计算平面物体的反射倒影,也能计算曲面物体的反射倒影。

● 【Reflect/Refract】(反射/折射)贴图类型只能计算出曲面物体的反射倒影,而不能计算平面物体的反射倒影。【反射/折射】贴图生成反射或折射表面。要创建反射,就要指定此贴图类型作为材质的反射贴图。要创建折射,就要指定将其作为折射贴图。

● 【Thin Wall Refraction】(薄壁折射)贴图模拟"缓进"或偏移效果,如果查看通过一块玻璃的图像就会看到这种效果。对于为玻璃建模的对象(如窗口窗格形状的"框"),这种贴图的速度更快,所用内存更少,并且提供的视觉效果要优于【反射/折射】贴图。

子任务 8　【cellular】(细胞)贴图——模拟大理石材质

①重置系统,单击【文件】/【打开】菜单,打开"本书素材/项目 3/任务 10——创建常用贴图的操作技能/模型/园林小品. max",如图 3.104 所示。

②打开材质编辑器,选择一个空白的样本球,【明暗器基本参数】卷展栏保持默认设置,在【Blinn 基本参数】卷展栏下单击【Diffuse】(漫反射)色块后面的方形按钮,在弹出的【Material/Map Browser】(材质/贴图浏览器)对话框中双击【cellular】(细胞),参数保持默认。

③确认视口中的"园林小品"处于选择状态,点击工具行中的 ▧ 按钮,将当前材质球赋予对象,渲染效果如图 3.105 所示,命名为"细胞贴图. max",存盘。

图 3.104　打开的文件　　　　　　　　图 3.105　渲染效果

子任务 9　【Dent】(凹痕)贴图——模拟岩石材质

①重置系统,打开"本书素材/项目 3/任务 10——创建常用贴图的操作技能/模型/石拱桥.max",如图 3.106 所示。

②打开材质编辑器,选择一个空白的样本球,【明暗器基本参数】卷展栏保持默认设置,在【Blinn 基本参数】卷展栏下单击【Diffuse】(漫反射)色块后面的方形按钮,在弹出的【Material/Map Browser】(材质/贴图浏览器)对话框中双击【Dent】(凹痕),【Dent Parameters】(凹痕参数)设置如图 3.107 所示。

③确认视口中的"石拱桥"处于选择状态,点击工具行中的 按钮,将当前材质球赋予对象。渲染效果如图 3.108 所示。命名为"凹痕贴图.max"。

图 3.106　打开的场景文件　　　　图 3.107　【Dent】(凹痕)　　　图 3.108　凹痕程序纹理
　　　　　　　　　　　　　　　　　　参数设置　　　　　　　　　　贴图模拟岩石

说明:由于程序纹理作用于整个物体,所以不用像位图那样需要制订贴图轴,使用起来方便灵活,特别适合复杂模型,不会使纹理在物体表面产生变形。

子任务 10　【Environment】(环境)贴图——创建星云背景

①在透视图中绘制一个半径为 1 200 的球体,命名为月球,如图 3.109 所示。

②在材质编辑器中选择一个空白样本球,命名为"月亮"材质。在【Blinn 基本参数】卷展栏中设置【Specular Levet】(高光级别)为 45,【Glossiness】(光泽度)为 32。单击【Diffuse】

（漫反射）色块后面的方形按钮，在弹出的【Material/Map Browser】（材质/贴图浏览器）对话框中双击【Bitmap】（位图），打开"本书素材/贴图/图片/月亮的脸.jpg"文件，单击【打开】按钮。

③单击按钮，打开【Maps】（贴图）卷展栏，拖动【Diffuse Color】（漫反射颜色）贴图通道上的贴图到【Bump】（凹凸）贴图通道上进行复制，凹凸数量为 100。

④在场景中选择"月球"，单击工具行中的 按钮，将当前材质赋予对象，结果如图 3.110 所示。

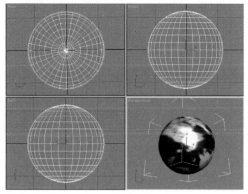

图 3.109 绘制的球体   图 3.110 月球材质

⑤制作环境贴图。在键盘上按【8】键打开【Environment and Effects】（环境和效果）对话框，单击【Environment Map】（环境贴图）按钮，在弹出的【Material/Map Browser】（材质/贴图浏览器）对话框中双击【Noise】（噪波），【Noise】（噪波）贴图即出现在【Environment Map】（环境贴图）成分中，如图 3.111 所示。

⑥打开材质编辑器，将【Noise】（噪波）贴图从【Environment and Effects】（环境和效果）对话框，拖动至未使用的示例球。选择【Instance】（实例），并单击【OK】。示例球体消失，改为显示【Noise】（噪波）贴图。此贴图显示为方形，如图 3.112 所示。

⑦打开【Noise Parameters】（噪波参数）卷展栏，设置【Size】（大小）为 0.4；设置【Noise Threshold】（噪波阈值）中的【Low】（低）阈值为 0.6、【High】（高）阈值为 0.7，用以缩小白色和黑色之间的范围，使噪波显示为圆点或微粒，如图 3.113 所示。

图 3.111 噪波贴图   图 3.112 噪波   图 3.113 噪波参数设置
                          贴图

⑧渲染透视图，成百上千的星星出现在天空中，如图 3.114 所示。

⑨将【Low】（低）阈值增加到 0.65 以减少星星数量。然后，通过将白色"噪波"颜色更改为淡灰色以降低星星的亮度，再次渲染场景，许多星星消失在背景中，如图 3.115 所示。

⑩在【Noise Parameters】（噪波参数）卷展栏里，单击【Color#1】（颜色#1）贴图按钮，在弹出的【Material/Map Browser】（材质/贴图浏览器）对话框中双击【Gradient Ramp】（渐变坡度）贴图，示例球即替换为灰度渐变。

⑪打开【Gradient Ramp Parameters】（渐变坡度参数）卷展栏，颜色编辑条如图 3.116

所示。

⑫双击右侧色块以显示颜色选择器。将颜色更改为黑色。在不关闭颜色选择器的情况下,单击中间色块并将其更改为蓝色,如图 3.117 所示。

图 3.114　噪波材质
创建的星星

图 3.115　调整噪波
材质后

图 3.116　颜色编辑条

图 3.117　编辑颜色
编辑条

⑬关闭颜色选择器。在【Noise】(噪波)组中,将【Amount】(数量)设置为 1,选择【Fractal】(分形)选项,并将【Size】(大小)设置为 9,如图 3.118 所示。

⑭渲染透视图,漫射的蓝色星云出现在天空中,如图 3.119 所示。

⑮再次打开【Gradient Ramp Parameters】(渐变坡度参数)卷展栏,在颜色编辑条中心附近区域单击两次,添加两个色块,然后双击中间色块,将其颜色更改为亮蓝色,如图 3.120 所示。

⑯关闭颜色选择器。在【Noise】(噪波)组中,将【Levels】(级别)设置为 6,为条纹添加更多枝节。渲染透视图,最终结果如图 3.121 所示。

图 3.118　【Noise】(噪波)组
中的参数设置

图 3.119　蓝色
星云

图 3.120　编辑颜色
编辑条

图 3.121　星云
背景渲染效果

说明:环境贴图是一种特殊类型的贴图,其作用是为渲染的图形背景添加贴图。

子任务 11　【double Sided】(双面)材质——制作双面旗帜材质

①单击 ／ ／【Plane】(平面)命令,在前视图中创建一个平面,设置参数如图 3.122 所示。

②选择平面,单击 【Modify】(修改)命令,在修改列表中选择【Noise】(噪波),设置其参数如图 3.123 所示。

③打开材质编辑器,选择一个空白材质球,命名为"旗帜"。单击【Standard】按钮,在弹出的【Material/Map Browser】(材质/贴图浏览器)对话框中双击【double Sided】(双面)材质类型。在弹出的【Replace Material】(替换材质)对话框中,保持默认设置,即选择【Keep old material as sub-material】(将旧材质保存为子材质)项,单击【OK】按钮。

④在【double Sided Basic Parameters】(双面基本参数)卷展栏中单击【Facing Material】(正面材质)右侧的长按钮,在【Maps】(贴图)卷展栏中单击【Diffuse Color】(漫反射颜色)后面的长按钮,在弹出的【Material/Map Browser】(材质/贴图浏览器)对话框中双击【Bitmap】(位图)按钮,弹出【Select Bitmap Image File】(选择位图图像文件)对话框,选择"本书素材/贴图/图片/旗帜01.jpg"文件,单击【打开】按钮。

⑤单击 ![]按钮两次,返回到【double Sided Basic Parameters】(双面基本参数)界面,单击【Back Material】(背面材质)右侧的长按钮,在【Maps】(贴图)卷展栏中单击【Diffuse Color】(漫反射颜色)后面的长按钮,在弹出的【Material/Map Browser】(材质/贴图浏览器)对话框中双击【Bitmap】(位图)按钮,单击【Select Bitmap Image File】(选择位图图像文件)对话框,选择"本书素材/贴图/图片/旗帜 03. jpg"文件,单击【打开】按钮。

⑥在视窗中选择平面,单击 ![]按钮,赋给物体,效果如图 3.124 所示。命名为"双面材质. max"。

图 3.122　参数　　图 3.123　参数设置　　图 3.124　旗帜的正反两面效果图
　　　　设置

子任务 12　【Blend】(混合)材质——制作花瓶材质

①用【Lathe】(车削)命令,创建一个花瓶,如图 3.125 所示。

②打开材质编辑器,选择一个材质球,单击【Standard】(标准)按钮,从弹出的对话框中双击【Blend】(混合)选项,在弹出的【Replace Material】(替换材质)对话框中,保持默认设置,即选择【Keep old material as sub-material】(将旧材质保存为子材质)项,单击【OK】按钮。

③在【Blend Basic Parameters】(混合基本参数)卷展栏下,单击【Material 1】(材质 1)按钮,调整材质 1 为白色陶瓷材质,具体参数设置如图 3.126 所示。

④单击 ![]按钮,单击【Material 2】(材质 2)按钮,调整材质 2 为蓝色陶瓷材质,参数设置如图 3.127 所示。

图 3.125　创建的花瓶　　图 3.126　材质 1 参数设置　图 3.127　材质 2 参数设置

⑤单击 ![]按钮,单击【Mask】(遮罩)按钮,在弹出的对话框中双击【Bitmap】(位图),打开"本书素材/ 贴图/图片/牡丹花. jpg"的文件。

⑥单击修改器下拉列表下的【UVW Map】(UVW 贴图)选项,在【Parameters】(参数)卷展栏下勾选【Spherical】(球形)项,如图 3.128 所示。至此,混合材质制作完毕。

⑦选择场景中的"花瓶",单击 ![]按钮,将材质赋给"花瓶",单击 ![]按钮,渲染透视图,效果如图 3.129 所示。命名为"混合材质. max"。

图3.128　参数　　图3.129　花瓶
　　　　设置　　　　　　渲染效果

子任务13　【Multi/Sub-Object】(多维/子对象)材质

1)制作太阳伞顶材质

①在透视图中创建一个圆锥体,参数如图3.130所示。

②选择圆锥体,在修改器列表中选择【Edit Mesh】(编辑网格)命令,进入■【Polygon】(多边形)子层级,在顶视图中选择2个面,如图3.131所示。

③在【Surface Properties】(曲面属性)卷展栏中的【Material】(材质)选项组下【Select ID】(设置ID)右侧的数值框中输入1,按【Enter】键,如图3.132所示。

图3.130　参数设置

图3.131　选择两个面

图3.132　设置ID
号为1

④用相同的方法,设置如图3.133所示选择的面ID号为2,如图3.134所示选择的面ID号为3。

⑤退出子对象编辑。按【M】键,打开材质编辑器,选择一个空白材质球,命名为"伞"材质,单击【Standard】(标准)按钮,在弹出的对话框中双击【Multi/Sub-Object】(多维/子对象)材质类型。在弹出的【Replace Material】(替换材质)对话框中,保持默认设置,即选择【Keep old material as sub-material】(将旧材质保存为子材质)项,单击【OK】按钮。

⑥在【Multi/Sub-Object Basic Parameters】(多维/子对象基本参数)卷展栏中单击【Set Number】(设置数量)按钮,在弹出的【Set Number of Materials】(设置材质数量)对话框中设置【Number of Materials】(材质数量)为3,单击【OK】按钮。

⑦在【Multi/Sub-Object Basic Parameters】(多维/子对象基本参数)卷展栏中单击1号材质右侧的长按钮,在【Blinn Basic Parameters】(胶性基本参数)卷展栏中设置【环境光】颜色,R、G、B分别为252、255、20。

⑧单击 按钮,返回上一层次,单击2号材质右侧的长按钮,在【Blinn Basic Parameters】(胶性基本参数)卷展栏中设置【环境光】颜色,R、G、B分别为255、0、0。

⑨单击 按钮,返回上一层次,单击2号材质右侧的长按钮,在【Blinn Basic Parameters】(胶性基本参数)卷展栏中设置【环境光】颜色,R、G、B分别为10、21、247。

⑩在场景中选择圆锥体,单击 按钮,赋给物体,渲染透视图如图3.135所示。命名为"多维子对象——伞的材质.max"。

图 3.133 设置 ID 号为 2

图 3.134 设置 ID 号为 3

图 3.135 渲染效果

2）编辑树材质

①单击 /【AEC Ectended】（AEC 扩展）/【Foliage】（植物）/【Scotch Pine】（苏格兰松树）命令，在透视图中创建一棵松树模型，如图3.136所示。

②打开材质编辑器，选择一个空白材质球，按下 工具，在透视图中树木的位置单击鼠标提取树木的材质，结果在当前的材质球上出现了一个有 5 个子材质的【Multi/Sub-Object】（多维/子对象）材质，每一个材质对应树木的一个部分，如图 3.137 所示。

图 3.136 创建的松树

图 3.137 子材质数

③单击 1 号材质右侧的长按钮，在【Blinn Basic Parameters】（胶性基本参数）卷展栏中，为【Diffuse Color】（漫反射颜色）贴图通道贴一张位图，选择"本书素材/贴图/树木/树干03.jpg"文件。在【Bitmap Parameters】（位图参数）卷展栏下，单击【View Image】（查看图像）按钮，然后对贴图进行剪裁，只保留树干部分，调节好之后，勾选【View Image】（查看图像）】前面的【Apply】（应用）项，如图 3.138 所示。

④按下 按钮，可以在视图中看到树干的纹理，如图 3.139 所示。

图 3.138 剪裁贴图　　　图 3.139 树干的纹理　　　图 3.140 所有枝条的纹理

⑤单击 按钮两次，返回到【Multi/Sub-Object Basic Parameters】（多维/子对象基本参

数)卷展栏下,以实例的方式将第 1 个子材质拖拽复制到第 2 个和第 3 个子材质上,视图中树木所有的枝条都显示出了树干贴图的纹理,如图 3.140 所示。

⑥单击 4 号材质右侧的长按钮,进入第 4 个子材质,可以看到【Diffuse】(漫反射)颜色是一种绿色,而【Opacity】(不透明度)贴图通道上贴有一张位图,单击其后面的按钮,可以看到该文件是 3ds Max 根目录下"Maps 文件夹"中的"fir2. tga"文件,如图3.141所示。

⑦更改树叶材质。设置【Diffuse】(漫反射)颜色的 RGB 分别为 195、87、15,再为【Opacity】(不透明度)贴图通道贴一张位图,选择"本书素材/贴图/树木/橡树叶 01. jpg",并进行剪裁,只留下树叶部分,可以看到视图中树叶的颜色和纹理都发生了变化,渲染透视图,最终结果如图 3.142 所示。命名为"多维子对象——树的材质. max"。

图 3.141　【Opacity】(不透明度)贴图通道上的贴图　　图 3.142　渲染效果

 巩固训练

1. 在视图中创建一个球体,为其编辑一个【Checker】(棋盘格)贴图材质,然后自行为其施加【UVW Map】(UVW 贴图)命令,调整后观察其效果。

2. 打开"本书素材/项目一/任务 1——3ds Max 基本操作技能/模型/房子. max"文件,如图 3.143 所示,为其屋顶使用次对象贴图编辑坡面屋顶材质,为其他部分自行编辑合适的材质。

3. 打开"本书素材/项目二/任务 7——创建园林小品模型的操作技能/目标文件/路牌. max"文件,如图 3.144 所示,为其编辑一个位图贴图并给赋。

4. 使用【Lathe】(车削)命令绘制一个苹果模型,使用【Gradient Ramp】(渐变坡度)贴图为其编辑一个材质并给赋。

5. 参考图 3.145,使用【Tiles】(平铺)贴图,制作一个马赛克材质。

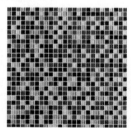

图 3.143　房子模型　　　　图 3.144　路牌模型　　　　图 3.145　马赛克贴图

6. 打开前面自己制作的"建筑小品"模型,如图 3.146 所示。试使用【Checker】(棋盘格)贴图为地面编辑一个石材材质;使用【Flat Mirror】(平面镜像)贴图为地面创建反射效果;再使用【Environment】(环境)贴图为其创建一个天空背景。

7. 创建一个茶壶,去掉壶盖,如图 3.147 所示,试为其编辑一个双面材质,贴图自定。

8. 单击🔾/◎/【AEC Ectended】(AEC 扩展)/【Foliage】(植物)/【Society Garlic】(芳香蒜)命令,在透视图中创建一棵芳香蒜模型,如图 3.148 所示,试为其各部分编辑材质。

图 3.146　建筑小品　　　　图 3.147　创建的无盖茶壶　　　图 3.148　芳香蒜模型

任务 4　编辑常用材质的操作技能

子任务 1　创建水材质

1)创建清水材质

①打开"本书素材/项目 3/任务 11——创建常用材质的操作技能/模型/水材质模型一.max"场景文件,如图 3.149 所示。

②打开【Material Editor】(材质编辑器),选择一个新的材质球,设置材质类型为 VRayMtl 材质,并命名为"清水"。

③由于清水材质的透明度很好,因此设置【Diffuse】(漫反射)颜色为黑色,如图 3.150 所示。

④清透的清水材质具有反射现象与光泽效果,单击【Reflection】(反射)贴图按扭■,在弹出的【Material/Map Browser】(材质/贴图浏览器)中选择【Falloff】(衰减)程序贴图,调整衰减方式为 Fresnel,设置【Refl. glossiness】(光泽度)为 0.98,使水表面在光线的照射下产生一点点泛光的效果,参数设置如图 3.151 所示。

图 3.149　打开的　　图 3.150　设置漫反射　　图 3.151　【Reflection】(反射)参数设置
场景文件渲染效果　　　　颜色为纯黑色

⑤制作水的透明效果。单击【Refraction】(折射)颜色色块,在打开的【Color Selector】(颜色选择器)中将折射颜色 RGB 值设置为 230、246、252 的灰度,将【IOR】(折射率)修改为液态水的折射率 1.33,最后再勾选【Affect shadows】(影响阴影)复选框,参数设置如图 3.152 所示。

⑥在场景中选择清水物体,单击🖳按钮,将调制好的"清水"材质赋给它,渲染效果如图 3.153 所示。命名为"清水材质.max",存盘。

RGB分别
为230、
246、252

图3.152　【Refraction】（折射）参数设置　　　　图3.153　清水材质
　　　　　　　　　　　　　　　　　　　　　　　　　　　　　渲染效果

◆说明：只有渲染器设置成【Vray渲染器】的情况下，VrayMtl材质类型才会显示出来。◆

2）创建酒水材质

图3.154　打开的场景
文件渲染效果

①打开"本书素材/项目3/任务11——创建常用材质的操作技能/模型/水材质模型二.max"场景文件，如图3.154所示。

②打开【Material Editor】（材质编辑器），选择一个新的材质球，设置材质类型为VRayMtl材质，并命名为"红酒"。

③展开【Basic parameters】（基本参数）卷展栏，设置【Diffuse】（漫反射）的颜色为黑色。

④红酒材质表面具有比较明亮的光泽，而略常红色，单击【Reflection】（反射）颜色色块，设置颜色的RGB值为36、2、2的酒红色，然后将【Refl. glossiness】（光泽度）设置为0.95，使得材质的反射也透出酒水特有的红色光泽，具体参数如图3.155所示。

⑤制作红酒材质的透明效果。单击【Refraction】（折射）颜色色块，在打开的【Color Selector】（颜色选择器）中将折射颜色的RGB均设置为230，将【IOR】（折射率）修改为1.33。接下来调整烟雾参数，进行酒水色彩的表现，调整【Fog Color】（烟雾颜色）的RGB值分别为78、0、0的暗红色，【Fog multiplier】（烟雾倍增）为0.66，勾选【Affect shadows】（影响阴影）复选框，使得光线能正确地透过玻璃并形成投影效果，如图3.156所示。

⑥在场景中选择红酒物体，单击 按钮，将调制好的"红酒"材质赋给它，渲染效果如图3.157所示。命名为"酒水材质.max"，存盘。

RGB分别为36、2、2　　　　RGB均为230　　　RGB分别为78、0、0

图3.155　反射参数设置　　　　图3.156　折射参数设置　　　　图3.157　酒水材质渲染效果

3）创建园林景观水面材质的操作技能

①打开"本书素材/项目3/任务11——创建常用材质的操作技能/模型/水材质场景.max"场景文件，如图3.158所示。

②打开【Material Editor】（材质编辑器），选择一个新的材质球，使用默认的【Standard】

（标准）材质并命名为"水面"，设置【Diffuse】（漫反射）颜色的 RGB 值为（40、60、65），【Specular Level】（高光级别）为 100，【Glossiness】（光泽度）为 50，如图 3.159 所示。

③单击【Maps】（贴图）卷展栏中【Bump】（凹凸）右侧的 None 按钮，在弹出的【Material/Map Browse】（材质/贴图浏览器）对话框中选择【Noise】（噪波）选项，在弹出的对话框中选择【Noise Type】（噪波类型）为【Fractal】（分形），并设置【Size】（大小）在 200 左右，如图 3.160 所示。

图 3.158 水材质场景文件

图 3.159 参数设置

图 3.160 噪波参数设置

说明：在【Bump】（凹凸）通道中使用【Noise】（噪波）纹理贴图是用来模拟水面的波纹效果的，这里噪波的大小是用来控制波纹大小的参数。本子任务将大小设置为 200，只是一个测试的数值，具体效果还要根据实际情况来进行调整。

④单击 （转到父对象）按钮，打开【Maps】（贴图）卷展栏，单击【Reflection】（反射）右侧的 None 按钮，在打开的【Material/Map Browser】（材质/贴图浏览器）对话框中选择【Raytrace】（光线跟踪）选项，打开【Raytracer Parameters】（光线跟踪参数）卷展栏，参数设置默认，然后单击 按钮，设置【Amount】数量在 50 左右，如图 3.161 所示。

⑤在场景中选择水物体，单击 按钮，将调制好的"水"材质赋给水体，渲染效果如图 3.162 所示。命名为"园林水面材质.max"。

图 3.161 参数设置

图 3.162 水材质渲染效果

子任务 2 创建玻璃材质

1）创建普通玻璃材质

①打开"本书素材/项目二/任务 7——创建园林小品模型的操作技能/目标文件/阳台护栏.max"场景文件，如图 3.163 所示。

②打开【Material Editor】（材质编辑器），选择一个新的材质球，使用默认的【Standard】（标准）材质并将其命名为"玻璃"，颜色调整为深灰蓝色，【Opacity】（不透明度）设置为 35 左

右,再调整一下高光,参数设置如图3.164所示。

图 3.163　打开的场景文件

RGB分别是205、149、54

图 3.164　基本参数设置

③展开【Maps】(贴图)卷展栏,在【Reflection】(反射)贴图通道添加一幅【VRayMap】(VRay 贴图),参数默认;单击 ⬀ 按钮,返回父级,设置【Amount】(数量)在 35 左右。

④在场景中选择"玻璃"和"玻璃 01",单击 ⬚ 按钮,将"玻璃"材质赋予它。按数字键【8】,打开【Environment and Effects】(环境和效果)对话框,为其添加一个环境贴图(本书素材/贴图/图片/天空 01. jpg)作为背景,渲染透视图,最终效果如图3.165所示。命名为"普通玻璃材质. max"。

2)创建磨砂玻璃材质

①打开"本书素材/项目二/任务5——二维转三维建模的操作技能/目标文件/台式草坪灯. max"场景文件,如图3.166所示。

图 3.165　普通玻璃渲染效果

图 3.166　打开的场景文件

②打开【Material Editor】(材质编辑器),选择一个新的材质球,设置材质类型为 VRayMtl 材质,并命名为"磨砂玻璃"。

③设置参数如图 3.167 所示。

说明:在设置【Reflect】(反射)颜色时,颜色的灰度控制的是材质的反射强度,颜色越白反射越强,越黑反射越弱;颜色的色度控制的是反射的颜色,即反射出什么颜色。

④在场景中选择"灯罩"和"支架",单击 ⬚ 按钮,将"磨砂玻璃"材质赋予它;渲染透视图,效果如图3.168所示。命名为"磨砂玻璃材质. max"。

RGB均为255

RGB均为255

RGB均为255

图 3.167　参数设置　　　　　　图 3.168　磨砂玻璃材质渲染效果

子任务 3　创建砖墙材质

①打开"本书素材/项目 3/任务 11——创建墙材质的操作技能/目标文件/普通玻璃材质.max"场景文件,如图 3.169 所示。

②打开【Material Editor】(材质编辑器),选择一个新的材质球,使用默认的【Standard】(标准)材质,并命名为"砖墙"。

③单击【Diffuse】(漫反射)右侧的方形钮,在弹出的【Material/Map Browser】(材质/贴图浏览器)对话框中双击【Bitmap】(位图)选项,弹出【Select Bitmap Image File】(选择位图图像文件)对话框,从中选择"本书素材/贴图/砖墙/砖墙 7.jpg"文件,单击【打开】按钮。

④在【Coordinates】(坐标)卷展栏下,设置 U 方向的【Tiling】(平铺)值为 1.5,设置【Blur】(模糊)为 0.1,使贴图更加清晰,如图 3.170 所示。

图 3.169　打开的场景文件　　　　图 3.170　参数设置

⑤单击 ⮌ 按钮,返回父级,在【Maps】(贴图)卷展栏下将【Diffuse Color】(漫反射颜色)中的位图复制到【Bump】(凹凸)通道中,并将【Amount】(数量)设置在 60 左右。

⑥在场景中选择"墙体",单击 🔩 按钮,将"砖墙"材质赋予它;渲染透视图,效果如图 3.171所示。命名为"砖墙材质.max"。

子任务 4　创建金属材质

①打开"本书素材/项目二/任务 4——基本体模型的操作技能/目标文件/风铃.max"场景文件,如图 3.172 所示。

②调制亮光不锈钢材质。打开【Material Editor】(材质编辑器),选择一个新的材质球,命名为"亮光不锈钢"。

③设置材质类型为 VRayMtl 材质。

④设置【Basic Parameters】(基本参数)卷展栏中的参数如图 3.173 所示。

⑤在场景中选择"四个风铃管",单击 按钮,将"亮光不锈钢"材质赋予它,渲染透视图,结果如图 3.174 所示。

图 3.171　砖墙材质渲染效果　　图 3.172　　图 3.173　基本参数设置　　图 3.174　亮光
　　　　　　　　　　　　　　　打开的场景文件　　　　　　　　　　　　　　不锈钢渲染效果

⑥调制拉丝不锈钢材质。再选择一个新的材质球,命名为"拉丝不锈钢"。

⑦设置材质类型为 VRayMtl 材质。

⑧设置【Basic Parameters】(基本参数)卷展栏中的参数如图 3.175 所示。

⑨展开【Maps】(贴图)卷展栏,在【Reflect】(反射)贴图通道添加【Falloff】(衰减)贴图,随即打开【Falloff Parameters】(衰减参数)卷展栏,单击【Color1】(颜色 1)贴图通道后面的长按钮,在打开的【Material/Map Browder】(材质/贴图浏览器)对话框中,双击【Bitmap】(位图)贴图,选择"本书素材/贴图/金属/2.jpg",单击【打开】按钮,设置【Coordinates】(坐标)参数如图 3.176 所示。

⑩在场景中选择"管状体",单击 按钮,将"拉丝不锈钢"材质赋予它,渲染透视图,结果如图 3.177 所示。

图 3.175　基本参数设置　　　图 3.176　【Coordinates】(坐标)　图 3.177　拉丝不锈钢
　　　　　　　　　　　　　　　　　　参数设置　　　　　　　　　　渲染效果

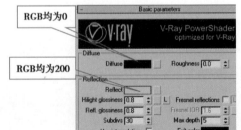

图 3.178　基本参数设置

⑪调制磨砂不锈钢材质。再选择一个新的材质球,命名为"磨砂不锈钢"。

⑫设置材质类型为 VRayMtl 材质。

⑬设置【Basic Parameters】(基本参数)卷展栏中的参数如图 3.178 所示。

⑭展开【Maps】(贴图)卷展栏,在【Bump】(凹凸)贴图通道添加【Noise】(噪波)贴图,参数默认。

⑮在场景中选择"挂钩""吊环""中绳"和"球体",单击 按钮,将"磨砂不锈钢"材质赋予它们,渲染透视图,结果如图3.179所示。

⑯调制镀金材质。再选择一个新的材质球,命名为"镀金材质"。

⑰设置材质类型为VRayMtl材质。

⑱设置【Basic Parameters】(基本参数)卷展栏中的参数如图3.180所示。

⑲在场景中选择"风铃片"和"装饰星",单击 按钮,将"镀金材质"赋予它们,渲染透视图,结果如图3.181所示。命名为"金属材质.max"。

图3.179　磨砂不锈钢渲染效果

图3.180　基本参数设置

图3.181　镀金材质渲染效果

子任务5　创建植物材质

①打开"本书素材/项目3/任务9——VRay基础操作技能/目标文件/一盆植物.max"场景文件,如图3.182所示。

图3.182　打开的场景文件

图3.183　参数设置

②打开【Material Editor】(材质编辑器),选择一个新的材质球,命名为"植物球"。

将"植物球"材质类型转换为【VRayMtl】(VRay专业材质),设置参数如图3.183所示。在场景中选择所有的"植物球",单击 按钮,将"植物球"材质赋予它。

③再选择一个新的材质球,命名为"花茎"。将"花茎"材质类型转换为【VRayMtl】(VRay专业材质),单击【Diffuse】(漫反射)后面的灰色钮,在弹出的【Material/Map Browse】(材质/贴图浏览器)对话框中选择【Bitmap】(位图)选项,选择"本书素材/贴图/植物/植物的茎.jpg"文件,单击【打开】按钮,在漫反射贴图通道中加入此图片。

然后打开【Maps】(贴图)卷展栏,将【Diffuse Color】(漫反射颜色)通道上的"植物的茎.

jpg"贴图拖动到【Bump】(凹凸)通道上进行复制,并将【Amount】(数量)值改为200。

在场景中选择"花茎"模型,单击 按钮,将"花茎"材质赋予它。

④再选择一个新的材质球,命名为"花土"。将"花土"材质类型转换为【VRayMtl】(VRay专业材质),单击【Diffuse】(漫反射)后面的灰色钮,在弹出的【Material/Map Browse】(材质/贴图浏览器)对话框中选择【Bitmap】(位图)选项,选择"本书素材/贴图/植物/花土.jpg"文件,单击【打开】按钮,在漫反射贴图通道中加入此图片。

然后打开【Maps】(贴图)卷展栏,将【Diffuse Color】(漫反射颜色)通道上的"花土.jpg"贴图拖动到【Bump】(凹凸)通道上进行复制,并将【Amount】(数量)值改为100。

在场景中选择"花土"模型,单击 按钮,将"花土"材质赋予它。

⑤再选择一个新的材质球,命名为"花盆"。将"花盆"材质类型转换为【VRayMtl】(VRay专业材质),设置参数如图3.184所示。将花盆调成一种磨砂多金属的材质。

在【Maps】(贴图)卷展栏中,单击【Bump】(凹凸)通道后面的长按钮,在弹出的【Material/Map Browse】(材质/贴图浏览器)对话框中选择【Bitmap】(位图)选项,选择"本书素材/贴图/金属/磨砂花纹.jpg"文件,单击【打开】按钮,在凹凸通道中加入此图片,并将【Amount】(数量)值改为60。

在场景中选择"花盆",单击 按钮,将"花盆"材质赋予它。

确认"花盆"处于被选择状态,在修改器下拉列表中,选择【UVW Map】(UVW贴图)命令,设置参数如图3.185所示。

⑥最终透视图渲染效果如图3.186所示。命名为"植物材质.max"。

图3.184　参数设置　　　　图3.185　参数设置　　图3.186　植物材质渲染效果

子任务6　创建蜡质材质

①打开"本书素材/项目3/任务11——创建常用材质的操作技能/模型/蜡烛场景.max"场景文件,如图3.187所示。

②打开【Material Editor】(材质编辑器),选择一个新的材质球,设置材质类型为VRayMtl材质,并将材质命名为"蜡烛"。

③在VRayMtl的【Basic parameters】(基本参数)卷展栏中,单击【Diffuse】(漫反射)颜色色块,将其颜色的RGB值调整为223、218、213,制作出蜡烛材质表面颜色,参数设置如图3.188所示。

④蜡烛主体由油脂制成,表面有些许油亮的光泽,将【Reflect】(折射)颜色调整为RGB

值均为 10 的灰度,将【Hilight glossiness】(高光光泽度)参数设置为 0.6,【Refl glossiness】(光泽度)参数设置为 0.8,【Subdivs】(细分)参数增大至 10,具体参数设置如图 3.189 所示。

图 3.187　打开的场景文件

图 3.188　设置漫反射参数

图 3.189　反射参数设置

⑤透明效果与半透明效果都有赖于折射参数的调整,将【Refract】(折射)色块颜色调整为 RGB 值均为 50 的灰度,使蜡烛材质具有轻微的半透明效果,由于蜡烛的半透明是比较模糊的,因此将【Glossiness】(光泽度)调整为 0.7。为了使蜡烛的半透明部位与不透明部位产生色彩的变化,将【Fog color】(烟雾颜色)的 RGB 值调整为 79、54、25,【Fog multiplier】(烟雾倍增)调整为 0.15,将【Subdivs】(细分)参数值增大至 25,最后再勾选【Affect shadows】(影响阴影)复选框,具体参数设置如图 3.190 所示。

⑥通过【translucency】(半透明)卷展栏,对材质的半透明效果进行细化。因为蜡烛是硬质半透明材质,首先选择【Type】(类型)为预设的【Hard(Wak)model】[硬(蜡)模型]类别,然后将【Back-side color】(背面颜色)调整为纯白色,对于其他参数的调整,可以根据渲染效果进行调整,具体参数设置如图 3.191 所示。

⑦在场景中同时选择三个"蜡柱",单击 🔧 按钮,将"蜡烛"材质赋予它们,渲染透视图最终效果如图 3.192 所示,命名为"蜡质材质.max"。

图 3.190　折射参数设置

图 3.191　半透明参数设置

图 3.192　蜡质材质渲染效果

子任务 7　创建木纹材质

1)创建清漆木纹材质

①打开"本书素材/项目 3/任务 11——创建常用材质的操作技能/模型/亭.max"场景文件,如图 3.193 所示。

②打开【Material Editor】(材质编辑器),选择一个新的材质球,命名为"清漆木纹"。

图 3.193　打开的场景文件

③设置材质类型为 VRayMtl 材质。

④设置【Basic Parameters】(基本参数)卷展栏中的参数,如图 3.194 所示。

⑤展开【Maps】(贴图)卷展栏,单击【Diffuse】(漫反射)后面的长按钮,在打开的【Material/Map Browder】(材质/贴图浏览器)对话框中,双击【Bitmap】(位图)贴图,选择"本书素材/贴图/木材/03.jpg"文件,单击【打开】按钮,设置【Coordinates】(坐标)参数,如图 3.195所示。

⑥拖动【Diffuse】(漫反射)贴图按钮至【Bump】(凹凸)按钮,在弹出的对话框中选择【Instance】(关联)复制方式。

⑦在场景中选择"亭柱"和"亭座",单击 按钮,将"清漆木纹"赋予它们,渲染透视图,结果如图 3.196 所示。

图 3.194　基本参数设置　　　　图 3.195　参数设置　　　　图 3.196　清漆木纹
材质渲染效果

2)创建亚光漆木纹材质

①继续在上面的场景中,打开【Material Editor】(材质编辑器),再选择一个新的材质球,命名为"亚光漆木纹"。

②设置材质类型为 VRayMtl 材质。

③在【Basic Parameters】(基本参数)卷展栏中的【Reflection】(反射)区域中,设置【hilight glossiness】(高光光泽度)为 0.8,【Relf. Glossiness】(反射模糊)为 0.85,【Subdivs】(细分)为15,如图 3.197 所示。

④展开【Maps】(贴图)卷展栏,单击【Reflect】(反射)后面的长按钮,在打开的【Material/Map Browder】(材质/贴图浏览器)对话框中,双击【Falloff】(衰减)贴图,展开【Falloff Parameters】(衰减参数)卷展栏,在【Falloff Type】(衰减类型)下选择【Fresnel】(菲涅尔)衰减方式,如图 3.198 所示。

⑤单击 按钮,返回上一级,在【Maps】(贴图)卷展栏中,单击【Diffuse】(漫反射)后面的长按钮,在打开的【Material/Map Browder】(材质/贴图浏览器)对话框中,双击【Bitmap】(位图)贴图,选择"本书素材/贴图/木材/01.jpg"文件,单击【打开】按钮,设置【Coordinates】(坐标)参数,如图 3.199 所示。

⑥拖动【Diffuse】(漫反射)贴图按钮至【Bump】(凹凸)按钮,在弹出的对话框中选择【Instance】(关联)复制方式。

⑦在场景中选择"角梁""宝顶"和"檐枋",单击 按钮,将"亚光漆木纹"赋予它们,渲染透视图,结果如图 3.200 所示。命名为"木纹材质. max"。

图3.197　基本参数设置　　图3.198　选择反射方式　　图3.199　参数设置　　图3.200　亚光漆木
　　纹渲染效果

　　说明：制作"亚光漆木纹"材质，也可以在"清漆木纹"材质的基础之上，改变【Relf. Glossiness】（反射模糊）值为0.5和【Reflect】（反射）颜色亮度值为65，同样可以得到"亚光漆木纹"材质效果。

子任务8　创建石材材质

1)创建光滑地砖材质

　　①打开本书素材"本书素材/项目3/任务11——创建常用材质的操作技能/模型/石桌凳场景.max"场景文件，如图3.201所示。

　　②打开【Material Editor】（材质编辑器），选择一个新的材质球，命名为"光滑地砖"。

　　③设置材质类型为VRayMtl材质。

　　④单击【Reflect】（反射）色块，在打开的颜色选择器对话框中设置反射颜色灰度为25，其他参数保持默认，即【Basic Parameters】（基本参数）设置如图3.202所示。

　　⑤单击【Diffuse】（漫反射）贴图按钮，指定一张砖块纹理贴图（"本书素材/贴图/石材/014.jpg"）。

　　⑥在场景中选择"地面"，单击 按钮，将"光滑地砖"材质赋予它，渲染透视图，结果如图3.203所示。

RGB均为25

图3.201　打开的场景文件　　图3.202　基本参数设置　　图3.203　此时透视图渲染效果

　　⑦确认"地面"处于选择状态，选择【Modifiers】（修改器）/【UV Coordinates】（UV坐标）/【UVW Mapping】（UVW贴图）命令，为地砖添加【UVW Mapping】（UVW贴图）修改器，选择【Planar】（平面）方式，设置砖块大小为1 200 mm×1 200 mm，如图3.204所示。

　　⑧再次渲染透视图，结果如图3.205所示，命名为"光滑地砖材质.max"。

说明:"地砖.max"场景,设置不同的反射模糊值即会得到亚光砖材质效果。【Refl. glossiness】参数可在0~1调节,默认值1表示没有模糊效果,数值越小模糊反射的效果越强烈。此参数不宜设置过小,一般控制在0.8左右即可得到较理想的亚光效果。

2)创建大理石桌凳材质

①继续在上面的场景中,打开【Material Editor】(材质编辑器),再选择一个新的材质球,命名为"大理石"。

②设置材质类型为VRayMtl材质。

③在【Basic Parameters】(基本参数)卷展栏中的【Reflection】(反射)区域中,设置反射颜色灰度为40,【hilight glossiness】(高光光泽度)为0.9,【Relf. Glossiness】(反射模糊)为1,【Subdivs】(细分)为9,如图3.206所示。

④单击【Diffuse】(漫反射)贴图按钮,指定一张石材纹理贴图("本书素材/贴图/石材/013.jpg")。

⑤在场景中选择"石桌"和"石凳",单击 按钮,将"大理石"材质赋予它们,渲染透视图,结果如图3.207所示。命名为"大理石材质.max"。

图3.204　贴图　　　图3.205　光滑地砖材质　　图3.206　基本参数设置　　图3.207　大理石材质
　坐标设置　　　　　　渲染效果　　　　　　　　　　　　　　　　　　　　　　渲染效果

 ## 巩固训练

1.打开前面自己制作的"花墙"模型,如图3.208所示,为其所有的模型分别编辑合适的材质。

2.打开前面自己制作的"凉亭"模型,如图3.209所示,为其所有的模型分别编辑合适的材质。

3.打开前面自己制作的"园桥"模型,如图3.210所示,为其所有的模型分别编辑合适的材质。

图3.208　花墙模型　　　　图3.209　凉亭模型　　　　图3.210　园桥模型

4.打开前面自己制作的"树池座凳"模型,如图3.211所示,为其所有的模型分别编辑合适的材质。

5. 打开前面自己制作的"喷泉"模型,如图 3.212 所示,为其所有的模型分别编辑合适的材质。

6. 打开前面自己制作的"拉膜"模型,如图 3.213 所示,为其所有的模型分别编辑合适的材质。

7. 打开前面自己制作的"传达室"模型,如图 3.214 所示,为其所有的模型分别编辑合适的材质。

图 3.211　树池座　　　图 3.212　喷泉模型　　　图 3.213　拉膜模型　　　图 3.214　传达室模型
　　凳模型

8. 打开前面自己制作的"景观墙"模型,如图 3.215 所示,为其所有的模型分别编辑合适的材质。

图 3.215　景观墙模型

项目 4 创建摄影机和灯光的操作技能

摄影机在效果图制作过程中,有统筹全局的作用,它决定着画面构图,影响着场景建模和灯光设置。灯光是效果图制作中重要的一环,真实的灯光布置能营造场景气氛,体现材质的质感。VRay 渲染器能够兼容 3ds Max 的【Standard】(标准)灯光和【Photometric】(光度学)灯光,除此之外,VRay 也拥有自己的灯光系统,在实际工作时,可以灵活使用各种灯光类型。

如果选择 VRay 渲染器,那么很多场景就应该使用 VRay 灯光来布光,可以配合【Standard】(标准)灯光和【Photometric】(光度学)灯光来设置。

VRay 渲染器有自己的专用摄影机,即 VR 物理摄影机,它的创建方法与 3ds Max 摄影机创建方法基本相同,但由于该摄影机是基于物理原理,有光圈、快门和感光度等参数,因而功能强大,可以轻易通过光圈、快门等参数调整场景曝光,控制图像的白平衡。

任务 1 创建摄影机场景的操作技能

子任务 1 创建【Target】(目标)摄影机

①打开"本书素材/项目四/模型/景观墙材质效果.max"文件。

②单击🎥/📷/【Standard】(标准)【Target】(目标)按钮,按照图 4.1 所示在顶视图拖动鼠标创建一个目标摄影机,并在【Parameters】(参数)卷展栏中将【Lens】(镜头)参数设置为 35,激活透视图,按【C】键转换为摄影机视图,通过摄影机视图进一步调整效果,如图 4.2 所示。

图 4.1 创建摄像机

图 4.2 将透视图转换为摄像机视图

说明：对于室外效果图摄影机的高度，如果要产生仰视的效果，可以将摄影机的镜头低于目标点；如果要表现俯视的效果，相反即可。

③单击 /🔲/ 【Target Spot】（目标聚光灯）按钮，在顶视图中创建一盏目标聚光灯，在视图中调整其位置，如图 4.3 所示。

图 4.3　目标聚光灯的位置

图 4.4　参数设置

④单击【Modify】（修改）命令，调整目标聚光灯的参数。在【General Parameters】（常规参数）卷展栏中选择【Shadows】（阴影）选项组中的【On】（启用）复选框，并将阴影类型设置为【Ray Traced Shadows】（光线跟踪阴影）；在【Intensity/Color/Attenuation】（强度/颜色/衰减）卷展栏中将【Multiplier】（倍增）设置为 1，将 RGB 颜色值设置为 255、255、255，如图 4.4 所示。

⑤单击 /🔲/ 【Omni】（泛光灯）按钮，在顶视图中创建一盏泛光灯，位置如图 4.5 所示。

图 4.5　泛光灯的位置

⑥单击【Modify】（修改）命令，调整泛光灯的参数。在【Intensity/Color/Attenuation】（强度/颜色/衰减）卷展栏中将【Multiplier】（倍增）设置为 0.8，将 RGB 颜色值设置为 255、255、255，如图 4.6 所示。

⑦渲染摄影机视图，结果如图 4.7 所示。命名为"景观墙摄影机效果.max"。

图 4.6　参数设置

图 4.7　景观墙渲染效果

子任务2　创建【VrayPhysicalCamera】(VRay 物理摄影机)

①打开"本书素材/项目四/模型/拉膜场景.max"文件。如图4.8所示。

②单击 / /【VRay】/【VrayPhysicalCamera】(VRay 物理摄影机)按钮,在顶视图拖动鼠标创建一个 VRay 物理摄影机,参数默认,位置如图4.9所示。

图4.8　打开的场景文件

图4.9　摄影机的位置

③激活透视图,按【C】键将其转换为摄影机视图,通过摄影机视图进一步调整效果,如图4.10所示。

④此时渲染透视图,看不到拉膜模型。单击 / 【Lights】(灯光)/【VRay】/【VraySun】(VRay 天光)按钮,在顶视图中拖动鼠标创建一盏 VRay 天光,位置如图4.11所示。

图4.10　摄影机视图

图4.11　VRay 天光的位置

图4.12　参数设置

图4.13　VRay 物理摄影机
渲染效果

⑤单击 【Modify】(修改)命令,在【VraySun Parameters】(VRay 天光参数)卷展栏下,设置【turbidity】(混浊度)为2,【ozone】(臭氧)为0.8,【intensity multiplier】(强度倍增)为0.5,其他参数保持默认状态,如图4.12所示。

⑥渲染摄影机视图,结果如图4.13所示。命名为"VRay 物理摄影机.max"。

巩固训练

1. 自己创建一个场景,为其创建两个【Target】(目标)摄影机,分别转换为摄影机视图,观察效果。

2. 自己创建一个场景,为其创建一个【VrayPhysicalCamera】(VRay 物理摄影机),转换为摄影机视图后观察效果。

任务2　创建灯光场景的操作技能

子任务1　以【Target Spot】(目标聚光灯)为主光创建阴影效果

①打开"本书素材/项目四/模型/花架场景. max"文件,这个场景的材质已经设置完成,如图4.14 所示。

②单击 【Cameras】(摄影机)/【Target】(目标)按钮,在顶视图中拖动鼠标创建一架目标摄影机,位置如图4.15 所示。

图4.14　打开的场景文件　　　　　图4.15　创建摄影机

③激活透视图,按【C】键,将其转换为相机视图。

④按【Shift + C】键隐藏摄影机,然后单击 【Lights】(灯光)/【Target Spot】(目标聚光灯)按钮,在顶视图中拖动鼠标创建一盏目标聚光灯,用它作为主光来照亮大部分场景,位置如图4.16 所示。

⑤单击 【Modify】(修改)命令,设置【Target Spot】(目标聚光灯)的【General Parameters】(常规参数)、【Spotlight Parameters】(聚光灯参数)和【Shadow Parameters】(阴影参数),如图4.17 所示。

⑥此时渲染相机视图效果如图4.18 所示。

⑦发现场景较暗,单击 【Lights】(灯光)/【Omni】(泛光灯)按钮,在视图中创建一盏泛光灯作为辅助光,位置及再次渲染相机视图结果如图4.19 所示。

说明:辅助光对主光产生的照明区域进行柔化和延伸,并且使得更多的物体提高度以显现出来。它的位置应该处于主光相反的角度上,也就是说如果主光在左侧,辅助光就在右侧;反之亦然,但是不必100%的对称。

图4.16 目标聚光灯(主光)的位置   图4.17 参数设置   图4.18 渲染效果

⑧在视图中再创建一盏泛光灯作为背光,位置如图4.20所示。

图4.19 泛光灯(辅助光)的位置及渲染效果   图4.20 泛光灯(背光)的位置

说明:背光给物体加上一条"分界边缘",使其从背景中分离出来。在顶视图中添加一个泛光灯,将其置于物体之后、摄影机的对面。在左视图中将背光放置于高于物体的位置。

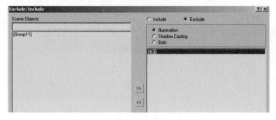

图4.21 【排除/包含】设置

⑨确认"泛光灯(背光)"处于被选择状态,单击【General Parameters】(常规参数)卷展栏下的【Exclude】(排除)按钮,在弹出的【Exclude/Include】(排除/包含)对话框中设置如图4.21所示,排除地面的照射,然后单击【OK】按钮。

⑩按下【F10】键,打开【Render Scene】(渲染场景)对话框,选择【Renderer】(渲染)选项,设置【V-Ray::Global switches】(V-Ray::全局开关)、【V-Ray::Image sampler】(V-Ray::图像采样)、【V-Ray::Indirect illumination】(V-Ray::间接照明)和【V-Ray::Irradiance map】(V-Ray::发光贴图)参数,即设置VRay的渲染参数如图4.22所示。

⑪渲染相机视图,效果如图4.23所示。命名为"花架阴影效果.max"。

说明:本子任务中的布光方法称为三点照明布光法,是3D用光的一种基本方法,简便易行,可以适用于很多类型的场景中,特别是静帧场景。它是一种使用三种灯光的方法,三种灯光分别是主光、辅光和背光,分别处于不同的位置,并且每个光所起的作用各不相同。

图 4.22　VRay 的渲染参数设置　　　　　　　图 4.23　花架阴影渲染效果

子任务 2　【Target Direct】(目标平行光)创建太阳光效果

①打开"本书素材/项目四/模型/亭子模型/亭子.max"场景文件,场景中已编辑好了材质和摄影机,如图 4.24 所示。

②单击 【Lights】(灯光)/【Target Direct】(目标平行光)按钮,在顶视图中创建一盏目标平行光,角度和位置如图 4.25 所示。此时渲染相机视图,效果如图 4.26 所示。观察发现,此时只有中间的部分被照亮,周围非常黑,而且没有建筑的阴影。

图 4.24　打开的场景文件

图 4.25　目标平行光的位置

图 4.26　渲染效果

③单击 【Modify】(修改)命令,设置【Target Direct】(目标平行光)的【General Parameters】(常规参数)、【Intensity/Color/Attenuation】(强度/颜色/衰减)、【Directional Parameters】(平行光参数)和【Shadow Parameters】(阴影参数),如图 4.27 所示。

④此时渲染相机视图,效果如图 4.28 所示。发现建筑稍暗。

图 4.27　参数设置

图 4.28　渲染效果

⑤应用泛光灯创建一盏辅助光源来照亮建筑,位置如图4.29所示。

⑥将泛光灯的【Multiplier】(倍增)设置为0.3,并排除对地面的照射。按【F10】键,打开【Render Scene】(渲染场景)窗口,将VRay指定为当前渲染器,渲染相机视图,结果如图4.30所示。命名为"太阳光效果.max"。

图4.29　泛光灯的位置　　　　　　　　图4.30　太阳光效果

子任务3　【Omni】(泛光灯)创建壁灯效果

①打开"本书素材/项目四/模型/壁灯模型/壁灯.max"文件,场景中已编辑好了材质和设置好了摄影机,如图4.31所示。

②单击 【Lights】(灯光)/【Omni】(泛光灯)按钮,在顶视图中单击鼠标左键创建一盏泛光灯,位置如图4.32所示。

图4.31　打开的场景文件　　　　　　图4.32　泛光灯的位置

③单击 【Modify】(修改)命令,打开【Omni】(泛光灯)的【Intensity/Color/Attenuation】(强度/颜色/衰减)卷展栏,从中设置【Multiplier】(倍增)为0.6,颜色为淡黄色(RGB分别为254、255和205),【Far Attenuation】(远距衰减)区域中选择【Use】(使用)和【Show】(显示),并设置【Start】(开始)为150,【End】(结束)为300,如图4.33所示。

④在前视图中用移动复制的方式将泛光灯沿Y轴复制4盏,然后选择这5盏灯再复制一组到另一个壁灯的位置,如图4.34所示。

图4.33　【Omni】(泛　　　图4.34　复制泛光灯　　　　图4.35　渲染结果
光灯)参数设置

⑤按【F10】键,打开【Render Scene】(渲染场景)窗口,将 VRay 指定为当前渲染器,设置 VRay 的渲染参数,此时渲染相机视图,结果如图 4.35 所示。观察发现,光晕以外的地方特别黑,看起来不真实。

⑥应用泛光灯创建一盏辅助光源来照亮墙壁,设置这个泛光灯的【Multiplier】(倍增)为 0.5,位置如图 4.36 所示。

⑦按【Shift + Q】键,快速渲染相机视图,结果如图 4.37 所示。命名为"壁灯效果. max"。

图 4.36　泛光灯的位置

图 4.37　壁灯效果

子任务 4　【Skylight】(天光)创建天光效果

①打开"本书素材/项目四/模型/小品模型. max"文件,这个场景的材质及摄影机已经设置完成,如图 4.38 所示。

②单击 【Lights】(灯光)/【Skylight】(天光)按钮,在顶视图中创建一盏天光,位置如图 4.39 所示。

图 4.38　打开的场景文件

图 4.39　【Skylight】(天光)的位置

③单击 【Modify】(修改)命令,设置【Multiplier】(倍增)为 0.8,其他参数默认,如图 4.40 所示。

说明:在创建【Skylight】(天光)的时候,其位置及形态对后面不会造成任何影响。

④单击菜单栏中的【Rendering】(渲染)/【Advanced Lighting】(高级照明)/【Light Tracer】(光跟踪器),在弹出的【Render Scene】(渲染场景)对话框中将【Rays/Sample】(光线/采样数)设置为300,如图 4.41 所示。

⑤按【Shift + Q】键,快速渲染相机视图,效果如图 4.42 所示。观察发现,小品很黑,我们可以创建一盏目标聚光灯,来模拟太阳光的光照效果。

图4.40　参数　　图4.41　渲染场景对话框设置　　图4.42　第一次渲染效果

设置

说明：如果使用【Skylight】（天光）进行渲染，必须配合【Light Tracer】（光跟踪器）才能
达到所需要的效果，否则达不到良好的效果。

⑥单击 【Lights】（灯光）/【Target Spot】（目标聚光灯）按钮，在顶视图创建一盏目标聚
光灯，【Multiplier】（倍增）设置在0.4左右，阴影选择【Ray Traced Shadows】（光线跟踪阴影），
如图4.43所示。

⑦渲染相机视图，效果如图4.44所示。命名为"天光效果.max"。

图4.43　【Target Spot】（目标聚光灯）的位置及其参数设置　　图4.44　渲染效果

说明：本子任务是使用【Skylight】（天光）模拟天空的漫反射；使用【Target Spot】（目标
聚光灯）模拟太阳光；使用【Light Tracer】（光跟踪器）产生真实效果。

子任务5　用【Free Point】（自由点光源）创建房间内吊灯效果

①打开"本书素材/项目四/模型/房间场景模型01/房间场景01.max"文件，场景中已编
辑好了材质和设置好了摄影机，如图4.45所示。

②单击 【Lights】（灯光）/【Free Point】（自由点光源）按钮，在顶视图中单击鼠标左键
创建一盏自由点光源，位置如图4.46所示。

图 4.45　打开的场景文件及渲染效果

> 说明:在场景中设置自由点光源的时候,应按照比实际的灯光所在位置偏下的方法来安排光源的位置,这样才可以模拟出真实的光晕效果。如果灯光离顶面太近就会出现大片的光斑。

③进入修改命令面板,勾选启用【Shadows】(阴影)选项,阴影方式选择【VRayShadows】(VRay 阴影)选项,调整颜色为暖色调,【Intensity】(强度)设置为 500,再调整一下【VRay-Shadows params】(VRay 阴影参数),如图 4.47 所示。

图 4.46　【Free Point】(自由点光源)的位置　　　图 4.47　【Free Point】(自由点光源)的参数设置

④按【F10】键,打开【Render Scene】(渲染场景)窗口,然后将 VRay 指定为当前渲染器。

⑤在【Render Scene】(渲染场景)窗口中,选择【Renderer】(渲染器)选项卡,设置【V-Ray::Global switches】(V-Ray::全局开关)、【V-Ray::Image sampler】(V-Ray::图像采样)、【V-Ray::Indirect illumination】(V-Ray::间接照明)、【V-Ray::Irradiance map】(V-Ray::发光贴图)、【V-Ray::Environment】(V-Ray::环境)和【V-Ray::Color mapping】(V-Ray::颜色映射)的参数,如图 4.48 所示。

图 4.48　VRay 渲染参数设置

图 4.49　吊灯渲染效果

⑥渲染相机视图,最终效果如图 4.49 所示。命名为"吊灯效果.max"。

子任务6　用【Free Linear】(自由线光源)创建房间内灯槽效果

①打开"本书素材/项目四/模型/房间场景模型 02/房间场景 02.max"文件,场景中已编辑好了材质和设置好了摄影机,如图 4.50 所示。

②单击 【Lights】(灯光)/【Free Linear】(自由线光源)按钮,在顶视图中单击鼠标左键创建一盏自由线光源,位置如图 4.51 所示。

图 4.50　打开的场景文件及渲染效果

图 4.51　【Free Linear】(自由线光源)的位置

③进入修改命令面板,勾选启用【Shadows】(阴影)选项,阴影方式选择【VRayShadows】(VRay 阴影)选项,【Intensity】(强度)设置为 200,【Length】(长度)设置为 1 000,如图 4.52 所示。

图 4.52　【Free Linear】(自由线光源)参数设置

图 4.53　镜像自由线光源

④激活左视图,确认创建的自由线光源处于选择状态,单击工具栏中的【Mirror】(镜像)按钮,将线光源沿 Y 轴镜像一下(使灯头朝上),如图 4.53 所示。

⑤在顶视图中用实例的方式复制多盏灯,如图 4.54 所示。

图 4.54　复制自由线光源　　　　　图 4.55　自由点光源的位置

⑥在房间的中间创建一盏【Free Point】(自由点光源),亮度设置在 300 左右即可,用来照亮整个房间,如图 4.55 所示。

⑦按【F10】键,打开【Render Scene】(渲染场景)窗口,然后将 VRay 指定为当前渲染器。

图 4.56　渲染效果

⑧VRay 渲染参数的设置同上面的"子任务 5"。

⑨渲染相机视图,最终效果如图 4.56 所示。命名为"灯槽效果. max"。

子任务 7　【Free Area】(自由面光源)创建房间内灯片发光效果

①打开"本书素材/项目四/模型/房间场景模型 03/房间场景 03. max"文件,场景中已编辑好了材质和设置好了摄影机,如图 4.57 所示。

②单击【Lights】(灯光)/【Free Area】(自由面光源)按钮,在顶视图中单击鼠标左键创建一盏自由面光源,位置如图 4.58 所示。

图 4.57　打开的场景文件及渲染效果　　　图 4.58　【Free Area】(自由面光源)的位置

③进入修改命令面板,勾选启用【Shadows】(阴影)选项,阴影方式选择【VRayShadows】(VRay 阴影)选项,【Multiplier】(倍增)设置为 350,设置【Area Light Parameters】(面光源参数)的【Length】(长度)和【Width】(宽度)均为 600,如图 4.59 所示。

④在顶视图中用实例的方式复制多盏灯,如图 4.60 所示。

⑤按【F10】键,打开【Render Scene】(渲染场景)窗口,然后将 VRay 指定为当前渲染器。

⑥VRay 渲染参数的设置同上面的"子任务 5"。

⑦渲染相机视图,最终效果如图 4.61 所示。命名为"灯片发光效果. max"。

图 4.59　【Free Area】(自由面光源)　　　图 4.60　复制后的效果　　　图 4.61　灯片发光
　　　　　参数设置　　　　　　　　　　　　　　　　　　　　　　　　　　　　渲染效果

子任务 8　光域网创建筒灯效果

①打开"本书素材/项目四/模型/门头招牌.max"文件,这个场景的材质及摄影机已经设置完成,如图 4.62 所示。

②单击 ￥【Lights】(灯光)/【Photometric】(光度学)/【Target Point】(目标点光源)按钮,在前视图中拖动鼠标,创建一盏目标点光源,将它移动到如图 4.63 所示的位置。

图 4.62　打开的场景文件　　　　　　　图 4.63　目标点光源的位置

③进入修改命令面板,在【Shadows】(阴影)区域,勾选【On】(启用)项,阴影方式选择【VrayShadow】(VRay 阴影)选项,在【Intensity/Color/Distribution】(强度/颜色/分布)卷展栏下【Distribution】(分布)右侧的窗口中选择【Web】(光域网)选项,如图 4.64 所示。

④在【Web Parameters】(光域网参数)卷展栏下单击【None】(无)按钮,在弹出的【Open a Photometric Web】(打开光域网)对话框中选择"本书素材/光域网文件/筒灯/004.ies"文件,单击【打开】按钮。

⑤将【Target Point】(目标点光源)的亮度修改为 300,然后在前视图中用【Instance】(实例)的方式复制三盏灯,如图 4.65 所示。

⑥按【F10】键,打开【Render Scene】(渲染场景)窗口,然后将 VRay 指定为当前渲染器。

⑦设置 VRay 的渲染参数,并且为场景添加一张环境贴图(本书素材/贴图/图片/夜景02.jpg)。

⑧渲染透视图,效果如图 4.66 所示,命名为"筒灯效果.max"。

图4.64　参数设置　　　　图4.65　复制三个目标点光源　　　　图4.66　筒灯渲染效果

子任务9　创建园林小景 VRay 日景效果

①打开"本书素材/项目四/模型/园林小景模型01/园林小景01.max"文件,这个场景的材质及摄影机已经设置完成,如图4.67所示。

图4.67　打开的场景文件及渲染效果

②在顶视图中创建一个半径为5 000的球体,然后将球体转换为【Editable Poly】(可编辑多边形),进入■【Polygon】(多边形)次物体层级,选择下面一半的面,如图4.68所示。将其删除,然后选择所有多边形,单击【Flip】(翻转)按钮,将法线进行翻转。

图4.68　选择球体下面一半的面

③退出次物体编辑,选择球体,单击鼠标右键,在弹出的级联菜单中,选择【Object Properties】(对象属性)命令,设置参数,如图4.69所示。

　　说明:在创建灯光之前,须设置球体的属性,不然将会照不到场景上面,因为【Target Direct】(目标平行光)勾选了【Ray Traced Shadows】(光线跟踪阴影)方式。设置的方法是:选择球体,单击鼠标右键,选择【Object Properties】(对象属性)命令,将【Receive Shadows】(接收阴影)及【Cadt Shadows】(投影阴影)取消。这样就可以了。

④单击【OK】按钮。按【M】键,打开【Material Editor】(材质编辑器)窗口,选择一个新的材质球,命名为"球天"。将【Self-lllumination】(自发光)设置为100,在【Ambient】(漫反射)中添加一张位图("本书素材/贴图/图片/天空021.jpg"),如图4.70所示。

⑤将调制好的材质赋给半球体,然后为球体添加一个【UVW Map】(UVW 贴图)修改器,

图4.69　对象属性对话框参数设置

在【Mapping】(贴图)下方选择【Cylindrical】(柱形)贴图方式,如图4.71所示。

图4.70　调制球天材质的基本参数　　　　　　图4.71　参数设置

说明:以半球体作为球天材质的模型,就是为了模拟现实生活中我们视觉所见到的"天圆地方"的效果。

⑥按【F10】键,打开【Render Scene】(渲染场景)窗口,然后将VRay指定为当前渲染器。设置【V-Ray∷Global switches】(V-Ray∷全局开关)、【V-Ray∷Image sampler】(V-Ray∷图像采样)、【V-Ray∷Indirect illumination】(V-Ray∷间接照明)、【V-Ray∷Irradiance map】(V-Ray∷发光贴图)和【V-Ray∷Environment】(V-Ray∷环境)的参数,如图4.72所示。

图 4.72　设置 VRay 渲染参数

⑦按【Shift + Q】键，渲染透视图，效果如图 4.73 所示。通过观察，此时场景已初步具备了微弱的天光效果，但是效果不是很理想，这时必须通过太阳光的照射才能表现出场景中各物体的明暗关系、立体效果。

⑧单击 【Lights】（灯光）/【Target Direct】（目标平行光）按钮，在顶视图中创建一盏目标平行光，作为主光源"太阳光"，角度和位置如图 4.74 所示。

图 4.73　此时的渲染效果　　　　　图 4.74　【Target Direct】（目标平行光）的位置

⑨单击 【Modify】（修改）命令，勾选启用阴影，选择【VrayShadow】（VRay 阴影）方式，【Multiplier】（倍增）调整到 0.5 左右，调整一下【Direct Parameters】（平行光参数）及【VRay-Shadow Params】（VRay 阴影参数），如图 4.75 所示。

⑩此时再次进行渲染摄影机视图，效果如图 4.76 所示。发现渲染的背景是黑色的，那么我们可以为背景添加一幅【Gradient】（渐变）贴图或者一幅真实的天空图片，来模拟天空的效果。

⑪按数字键【8】，打开【Environment and Effects】（环境和效果），单击 None 按钮，在弹出的【Material/Map Browser】（材质/贴图浏览器）窗口中双击【Gradient】（渐变）贴图 。

图 4.75　【Target Direct】（目标平行光）参数设置　　　图 4.76　渲染效果

⑫按【M】键，打开【Material Editor】（材质编辑器），将【Environment and Effects】（环境和效果）中的渐变贴图实例复制到任意一个未用的材质球上面，如图 4.77 所示。

图4.77　复制环境贴图到材质球

⑬在【Coordinates】（坐标）卷展栏下,调整【Offset】（偏移）卷展栏下的 V 为0.4,在【Gra-

图4.78　调整渐变参数

dient】（渐变参数）卷展栏下调整三个颜色,颜色 1 的 RGB 分别为 45、115、200;颜色 2 的 RGB 分别为 90、160、220;颜色 3 的 RGB 分别为 220、230、245,这样就基本靠近天空的效果,如图4.78所示。

⑭按【F10】键,打开【Render Scene】（渲染场景）,调整一下,目的是让渲染的效果更好,如图4.79所示。

⑮按【Shift + Q】键,渲染透视图,最终效果如图4.80所示。命名为"日景效果.max"。

图4.79　调整发光贴图参数

图4.80　日景渲染效果

子任务10　创建 VRay 夜景效果

①打开"本书素材/项目四/模型/园林小景模型02/园林小景02. max"文件,这个场景的材质及摄影机已经设置完成,如图4.81所示。

②按【M】键,打开【Material Editor】（材质编辑器）,将"球天"材质的自发光设置为0,调整背景渐变贴图的颜色,颜色 1 的 RGB 分别为 1、3、20;颜色 2 的 RGB 分别为 18、23、62;颜色 3 的 RGB 分别为 100、120、160,这样就基本靠近黄昏天空的效果。

③单击【Lights】（灯光）/【VRay】/【VrayLight】（VRay 灯光）按钮,在顶视图中单击鼠标

图 4.81　打开的场景文件及渲染效果

创建一盏 VRay 灯光,灯光类型选择【Dome】(穹顶),灯光的【Color】(颜色)调整为灰蓝色(RGB 分别为 124、133 和 249),【Multiplier】(亮度)设置为 0.3,位置及参数设置如图 4.82 所示。

图 4.82　VRay 灯光的位置及参数

④VRay 渲染参数设置同上面的日光设置,渲染相机视图,效果如图 4.83 所示。命名为"夜景效果.max"。

图 4.83　夜景渲染效果

巩固训练

1.打开"本书素材/项目四/模型/广告路牌.max"场景文件,如图 4.84 所示,首先为其编辑材质,然后以【Target Spot】(目标聚光灯)为主光创建其阴影效果。

2.打开"本书素材/项目四/模型/城市雕塑.max"场景文件,如图 4.85 所示,使用【Target Direct】(目标平行光)为其创建太阳光效果。

图 4.84　广告路牌场景　　图 4.85　城市雕塑场景

3.打开"本书素材/项目四/模型/圆形壁灯.max"场景文件,如图 4.86 所示。首先为场景中所有的模型编辑合适的材质并设置一个目标摄影机,然后使用【Omni】(泛光灯)为其创建壁灯效果。

4.打开"本书素材/项目四/模型/候车亭.max"场景文件,如图 4.87 所示。首先为场景中所有的模型编辑合适的材质并设置一个目标摄影机,然后使用【Skylight】(天光)命令为其创建天光效果。

5.仍然使用第三题的场景文件,使用光域网创建筒灯效果。

6.打开"本书素材/项目四/模型/城市街道.max"场景文件,如图 4.88 所示。首先为场景中所有的模型编辑合适的材质并制作一个背景,然后为其创建 VRay 日景效果。

仍然使用这一场景文件,再为其创建一个 VRay 夜景效果。

图 4.86　圆形壁灯场景　　　　图 4.87　候车亭场景　　　　图 4.88　城市街道场景

项目 5 制作园林设计效果图项目实战

园林设计效果图真实、直观、形象、生动。它是建筑效果图的一种。随着计算机技术的发展和人们要求的提高,效果图的制作方法突飞猛进,使用计算机软件制作园林效果图更加精确、更加容易,已经成为当前效果图制作的主流方法。其绘制过程分为四步:建模、赋予材质和贴图、设置灯光和摄影机、渲染场景。

要想做好园林效果图,除掌握项目一、项目二、项目三、项目四的内容以外,还须掌握必要的行业知识和 Auto CAD、Photoshop 等相关软件,本书对这两款软件不做详细介绍,但会使用已完成的 CAD 图纸导入建模,展示经 Photoshop 后期处理后的效果图。

任务1 校园一角之长廊景观制作的操作技能

说明:在制作本任务时需导入"长廊施工图"CAD 图纸作为辅助之用,这样便可以加快制作速度和提高创建模型的准确性。导入之前需对 CAD 图纸进行整理,本任务中的 CAD 图纸已经整理完毕,直接导入即可。

子任务1 导入 CAD 图纸

①打开"本书素材/项目五/任务 1/长廊 CAD. dwg"文件。CAD"长廊施工图",经整理、写块后,存为"立面图 1""立面图 2""平面图""铺装图""大样图""立面图 3"六个文件,如图 5.1—图 5.6 所示。

图 5.1　立面图 1

②打开 3ds Max 软件,选择【Customize】(自定义)/【Units Setup】(单位设置)命令,设置【Metric】(公制)单位和【System Unit Scale】(系统单位设置)均为【Millimeters】(mm)。

图5.2　立面图2

图5.3　平面图

图5.4　铺装图

图5.5　大样图

图5.6　立面图3

③单击菜单栏【File】(文件)/【Import】(导入)命令,弹出【Select File to Import】(选择导入文件)对话框,首先选择文件类型"AutoCAD Drawing(＊.DWG,＊.DXF)",找到"本书素材/项目五/任务1——校园一角之长廊景观制作/整理后的长廊CAD图纸/平面图.dwg"文件,如图5.7所示,单击【打开】按钮。

④在弹出的【AutoCAD DWG/DXF Import Options】(导入选项)中,单击【OK】(确定)按钮。

⑤右键单击✛按钮,在弹出的【Move Transform Type-In】(移动变换输入)对话框中设置参数,此操作称为"归零"处理,如图5.8所示。

⑥使用同样的方法,将"立面图1""立面图2""立面图3""铺装图""大样图"都导入进来,如图5.9所示。使用【Group】(组)/【Group】(成组)命令,将六个图分别成组,分别命名为"平面图""立面图1""立面图2""立面图3""铺装图""大样图"。

图5.7　【Select File to Import】(选择　　　图5.8　"归零"处理　　　图5.9　导入的图形
　　　　导入文件)对话框

⑦按下　(捕捉)按钮,选择　(2.5维捕捉),并右键单击　按钮,在【Grid and Snap Settings】(栅格和捕捉设置)对话框中进行设置,如图5.10所示。

⑧使用　(旋转)命令,将各个图纸对应"平面图"放置在正确的位置,如图5.11所示,保存场景并命名为"校园一角——长廊景观.max"。

图5.10　设置【Grid and Snap Settings】对话框　　　　图5.11　图形的位置

子任务2　创建场景模型

◆◆◆说明：为了模型创建的精确，在建模时，经常需要在CAD图纸中查找相关数据，所以◆
◆我们在建模过程中原始CAD图纸始终处于打开状态。◆

1) 创建长廊的梁和柱子模型

①为了建模时不妨碍观察模型，除"立面图2""平面图"以外，将其他CAD图形暂时隐藏，并将"立面图2""平面图"进行"冻结"。

单击【Line】(线)命令，配合 🔩 工具，在前视图中围绕横梁创建一条闭合的曲线，命名为"横梁"，如图5.12所示。

图5.12　闭合的曲线

②进入 ⬚【Vertex】(顶点)次级，选择横梁两头的部分点，单击右键，在右键菜单中选择【Bezier Corner】(贝兹尔角点)命令，并按照CAD图的细节进行修改，如图5.13所示。

③挤出100，如图5.14所示。

图5.13　调整顶点　　　　　　　　　　图5.14　挤出

④将横梁复制一个，按照"平面图"的位置放置在正确的位置，如图5.15所示。

⑤单击鼠标右键，在弹出的右键菜单中选择【Unhide by Name】(按名称显示)，将"立面图3"显示出来，使用同样的方法创建出长廊顶部的模型，如图5.16所示。

图 5.15　两个横梁的位置　　　　　　　　图 5.16　长廊顶部

⑥单击右键,选择【Unhide by Name】(按名称显示),将"铺装图"显示出来,单击【Rec-
tangle】(矩形)命令,在顶视图中配合 2.5 维捕捉,绘制一个矩形,命名为"柱子底轮廓",如
图 5.17 所示。

⑦将"柱子底轮廓"复制三个,将四个底轮廓附加在一起,如图 5.18 所示。

⑧挤出 3050,形成单个的柱子,如图 5.19 所示。

图 5.17　柱子底轮廓　　　　图 5.18　附加 4 个矩形　　　图 5.19　挤出柱子的高度

⑨使用同样的方法,绘制柱子之间的连接件,并进行复制,挤出 30,如图 5.20 所示。

⑩复制一组连接件到对面,如图 5.21 所示。

⑪将这两组连接件进行旋转复制,并添加【Editable Mesh】(编辑网格)修改器,激活
【Vertex】(顶点)子物体,将其尺寸进行修改,如图 5.22 所示。

⑫同时选择 4 组连接件及 4 根柱子,执行菜单中的【Group】(组)/【Group】(成组)命令,
命名为"柱子",如图 5.23 所示。

⑬将"柱子"以【Instance】(实例)的方式复制 5 组,并按照"立面图 2"放置在合适的位
置,如图 5.24 所示。

⑭单击【Rectangle】(矩形)命令,配合 2.5 维捕捉,在前视图绘制一个矩形,作为柱子的
侧面,如图 5.25 所示。

图 5.20　连接件　　　　　图 5.21　复制连接件　　　　图 5.22　调整顶点位置

图 5.23　成组　　　　　　　图 5.24　复制柱子及位置　　　　　图 5.25　柱子的侧面

⑮挤出 90,结果如图 5.26 所示。

⑯确认柱子的侧面处于选择状态,单击鼠标右键,选择【Convert to】(转换为)/【Editable Poly】(转换为可编辑多边形)命令,激活■【Polygon】(多边形)层级,选择上面的多边形,单击右键,在右键菜单中单击【Inset】(插入)命令前面的■图标,弹出【Inset Polygons】(插入多边形)对话框,设置参数为 80,如图 5.27 所示。

⑰单击右键,在右键菜单中单击【Extrude】(挤出)命令前面的■图标,设置【Extrusion Height】(挤出高度)为 30,如图 5.28 所示。

图 5.26　挤出　　　　　　图 5.27　参数设置　　　　图 5.28　挤出参数设置及结果

⑱激活■【Polygon】(多边形)层级,选择上面的多边形,单击右键,在右键菜单中单击【Inset】(插入)命令前面的■图标,设置参数为 80,如图 5.29 所示。

⑲单击右键,在右键菜单中单击【Extrude】(挤出)命令前面的■图标,设置【Extrusion Height】(挤出高度)为 30,如图 5.30 所示。

⑳单击右键,在右键菜单中单击【Bevel】(倒角)命令前面的■图标,设置【Height】(高度)为 40,【Outline Amount】(轮廓数量)为 0,如图 5.31 所示。

图 5.29　插入参数设置及结果　　图 5.30　挤出参数设置及结果　　图 5.31　倒角参数设置及结果

㉑单击右键,在右键菜单中单击【Outline】(轮廓)命令前面的■图标,设置【Outline Amount】(轮廓数量)为 -45,如图 5.32 所示。

㉒将该模型复制一个,放置在合适的位置,如图 5.33 所示。

图5.32　轮廓参数设置及结果　　图5.33　柱子侧面模型的位置　　图5.34　绘制的三个矩形

图5.35　挤出后的造型　图5.36　绘制的其他部件

㉓单击 按钮，进入【Splines】（图形）创建面板，勾去【Start New Shape】（开始新图形），单击【Rectangle】（矩形）命令，配合2.5维捕捉，在前视图中绘制三个矩形，如图5.34所示。

㉔挤出90，如图5.35所示。

㉕使用同样的方法，绘制出其他部件，如图5.36所示。

2）创建长廊隔断模型

①使用同样的方法，绘制一根隔断，如图5.37所示。

②配合2.5维捕捉，使用移动、旋转工具复制这根隔断，结果如图5.38所示。

③选择隔断花纹模型，成组，命名为"隔断"，在修改面板中添加【Slice】（切片）命令，把【Slice Plane】（切片平面）移动到"隔断"顶部，在【Slice Parameters】（切片参数）卷展栏中选择【Remove Top】（移除顶部）单选按钮，如图5.39所示。

图5.37　绘制的隔断　　　图5.38　移动、旋转复制　　　图5.39　切片的位置和参数设置
　　　　　　　　　　　　　　　后的隔断

④使用同样的方法，将左边、右边、下边多出的隔断进行移除，如图5.40所示。

⑤将该组"隔断"进行复制，如图5.41所示。

⑥选择创建的整个围栏模型，成组，命名为"围栏"，如图5.42所示。

图5.40　隔断　　　图5.41　复制隔断　　　　　图5.42　成组
移除结果

⑦将"围栏"复制3个，放置在合适的位置，如图5.43所示。

⑧单击右键，选择【Unhide by Name】（按名称显示），将"立面图1"显示出来，考虑观察方便，将"立面图2"及其创建的模型隐藏起来，如图5.44所示。

图 5.43 复制围栏

图 5.44 隐藏图形和造型后

⑨单击 ⟠/【Line】(线)命令,配合 2.5 维捕捉,在前视图中围绕该隔断创建一条闭合的样条线,如图 5.45 所示。

⑩添加【Editable Spline】(编辑样条线)修改器,在【Spline】(样条线)层级中,轮廓 60,如图 5.46 所示。

⑪挤出 70,如图 5.47 所示。

图 5.45 创建的闭合样条线

图 5.46 轮廓后

图 5.47 挤出

⑫单击 ⟠ 按钮,进入【Splines】(图形)创建面板,勾去【Start New Shape】(开始新图形),单击【Rectangle】(矩形)命令,配合 2.5 维捕捉,在前视图中绘制多个矩形,如图 5.48 所示。

⑬挤出 70,如图 5.49 所示。

⑭单击【Rectangle】(矩形)命令,配合 2.5 维捕捉,在前视图中绘制一个矩形,如图 5.50 所示。

图 5.48 绘制的矩形

图 5.49 挤出后

图 5.50 绘制的矩形

⑮选择 ✛ (移动)工具,配合 2.5 维捕捉进行复制,如图 5.51 所示。

⑯将所有的矩形附加在一起,如图 5.52 所示。

图 5.51　复制矩形　　　　　　　　　图 5.52　附加矩形

⑰挤出 70,如图 5.53 所示。

⑱使用同样的方法,创建出竖向的隔断,如图 5.54 所示。

⑲使用同样的方法,制作出另一个隔断,如图 5.55 所示。

图 5.53　挤出后　　　图 5.54　创建的　　　图 5.55　另一个隔断
　　　　　　　　　　　竖向隔断

3)创建长廊座椅和地面模型

①进入左视图,单击 /【Rectangle】(矩形)命令,对照"立面图 3",配合 2.5 维捕捉,在左视图中围绕靠背横梁创建一个矩形,如图 5.56 所示。

②挤出 13 050,如图 5.57 所示。

③使用同样的方法,在左视图中对照"立面图 3",绘制座椅模型,如图 5.58 所示。

图 5.56　绘制的矩形　　　图 5.57　挤出后　　　图 5.58　座椅模型

④在左视图中,单击 /【Line】(线)命令,配合 2.5 维捕捉,围绕靠背绘制一条闭合的样条线,如图 5.59 所示。

⑤单击 按钮,右键单击,在弹出的菜单中,选择【Bezier Corner】(贝兹尔角点),对照 CAD 图纸进行调节,如图 5.60 所示。

⑥挤出 30,并按照图纸进行复制,结果如图 5.61 所示。

图 5.59　绘制的线　　　图 5.60　调整顶点的位置　　　图 5.61　挤出并复制

⑦将前面创建好的"柱子"按照"立面图 1"进行复制,放置在合适的位置,如图 5.62 所示。

图 5.62　复制柱子　　　　　　图 5.63　隔断模型

⑧按照之前制作隔断的方法,制作出"立面图 3"的隔断模型,如图 5.63 所示。

⑨只显示"铺装图",单击 /【Line】(线)命令,配合 2.5 维捕捉,在顶视图中围绕铺装外沿绘制一条闭合的样条线,如图 5.64 所示。

图 5.64　绘制的样条线

⑩挤出 -70,如图 5.65 所示。

⑪选择该模型【Editable Spline】(编辑样条线)下面的 【Segment】(线段),选择内侧的三条线段,勾选【Cope】(复制),单击【Detach】(分离)命令,在弹出的【Detach】(分离)对话框中,使用默认名字,单击【OK】,如图 5.66 所示。

图 5.65　挤出后　　　　　　　图 5.66　复制并分离线段

⑫对分离出来的二维线,选择两个端点,单击右键,在右键菜单中选择【Connect】(连接)命令,如图 5.67 所示。点击其中一个端点,拖拽至另一个端点,如图 5.68 所示。

⑬连接两个端点后,挤出 −70,如图 5.69 所示。

图 5.67　选择两个端点　　图 5.68　拖拽端点　　　　　　图 5.69　挤出

至此,长廊的模型部分全部完成,如图 5.70 所示。

4)创建长廊外围环境模型

①创建一个简单的外围环境,外围环境模型效果如图 5.71 所示。

图 5.70　长廊的模型　　　　图 5.71　创建的外围模型　　　图 5.72　参数
　　　　　　　　　　　　　　　　　　　　　　　　　　　　　　设置

②在修改面板中单击 ▣(显示)按钮,进入【Hide by Category】(按类别隐藏)面板,勾选【Shapes】(图形),视图中的 CAD 图形将全部被隐藏,如图 5.72 所示。

> 说明:为了模型以后修改方便,此处将二维线,即 CAD 图纸在显示面板中进行隐藏,不建议将其作删除处理。

图 5.73　长廊模型渲染效果

③渲染透视效果图,效果如图 5.73 所示。

子任务3　创建摄影机

①在顶视图中创建一个目标摄影机,如图 5.74 所示。

②将透视图转换为摄影机视图,在前视图中调整摄影机和目标点的高度,设置镜头参数,调整摄影机和目标点的位置,如图 5.75 所示。

图 5.74 创建的目标摄影机 图 5.75 调整摄影机和目标点的位置

③右键单击摄影机视图名称，在弹出的菜单栏中选择【Show Safe Frame】（显示安全框）命令，查看构图效果如图 5.76 所示。

> 说明：显示安全框的快捷键是【Shift + F】键，它可以准确地显示摄像机拍摄的范围，三层彩色的线框中最外层的黄色框是渲染出的画面范围。

④渲染摄影机视图，效果如图 5.77 所示。

图 5.76 查看构图效果 图 5.77 摄影机视图渲染效果

子任务 4 编辑材质

1）编辑木纹材质

①单击 按钮或者按下快捷键【F10】，在弹出的对话框中选择【Common】（公用）选项卡，打开【Assign Renderer】（指定渲染器）卷展栏，单击 按钮，设置渲染器为【V-Ray Adv 1.5RC5】版本。

②选择长廊模型，右键单击，在弹出的菜单栏中选择【Isolate Selection】（孤立当前选择）命令（快捷键为【Ctrl + Q】复合键）。选择一个空白材质球，命名为"木纹"，选择长廊模型，单击 按钮，将该材质球赋予给它，如图 5.78 所示。

图 5.78 对长廊孤立选择并赋予材质

③选择"木纹"材质球,在其【Diffuse】(漫反射颜色)通道中添加一张木纹位图,设置【Specular Level】(高光级别)和【Glossiness】(光泽度)分别为15和14,单击 按钮,显示纹理,如图5.79所示。

图5.79　木纹材质

说明:本任务的贴图均在"本书素材/项目五/任务1——校园一角之长廊景观制作"文件夹中,以后不再提示。

④以【Instance】(实例)的方式复制贴图至【Bump】(凹凸)通道中,设置凹凸【Amount】(数量)为30,如图5.80所示。

⑤在修改面板中添加【UVW Mapping】(UVW 贴图)修改器,设置参数,如图5.81所示。

说明:为了方便在赋予材质时选择模型,同时避免赋予材质误操作,可以把材质赋予完成的模型进行隐藏。

图5.80　复制贴图

图5.81　设置贴图坐标

2) 编辑铺装材质

①选择一个空白的材质球,选择铺装模型,单击 按钮,将该材质球赋予给它,如图5.82所示。

②单击【Standard】(标准)按钮,在弹出的【Material Editor】(材质/贴图浏览器)对话框中选择【Multi/Sub-Object】(多维/子对象)类型,单击【OK】按钮,在弹出的【Replace Material】(替换材质)对话框中,选择【Discard old material】(丢弃旧材质)单选按钮,单击【OK】按钮,此时【Standard】(标准)材质会转换为【Multi/Sub-Object】(多维/子对象)材质,并命名为"铺装"材质。

③单击【Set Number】（设置数量）按钮，在【Set Number of Materials】（设置材质数量）提示框中设置【Number of Materials】（材质数量）为 2，单击【OK】按钮，如图 5.83 所示。

图 5.82　给铺装模型赋予材质　　　　　　图 5.83　设置材质数量

④将铺装模型进入孤立模式操作，单击右键，在右键菜单中选择【Convert to】（转换为）/【Editable Poly】（可编辑多边形）命令。

⑤选择其中一个模型，单击右键，单击【Attach】（附加）前面的■图标，在弹出的【Attach List】（附加列表）对话框中单击【All】（全部）按钮，附加模型。

⑥在修改面板中单击■按钮，勾选【Ignore Backfacing】（忽略背面）选项，选择如图 5.84 所示的多边形，设置 ID 编号为 1；按【Ctrl + I】键进行反选多边形，如图 5.85 所示，设置 ID 编号为 2。

⑦选择 1 号子材质，在【Diffuse】（漫反射颜色）通道中添加一张位图，设置【Specular Level】（高光级别）和【Glossiness】（光泽度）参数分别为 13 和 10，单击■按钮，显示纹理，如图 5.86 所示，并以【Instance】（实例）的方式复制贴图至【Bump】（凹凸）通道中，设置凹凸【Amount】（数量）为 50，如图 5.87 所示。

图 5.84　选择多边形并设置　　图 5.85　反选多边形并设置　　图 5.86　1 号材质
　　　　1 号 ID 编号　　　　　　　　2 号 ID 编号

⑧使用同样的方法，设置 2 号材质，如图 5.88、图 5.89 所示。

图 5.87　复制贴图　　　　　　图 5.88　2 号材质　　　　　　图 5.89　复制贴图

⑨选择铺装模型，在修改面板中添加【UVM Mapping】（UVW 贴图）修改器，设置参数，如图 5.90 所示，退出孤立模式，隐藏铺装模型。

3) 编辑水池材质

①使用同样的方法，将水池的材质设置为【Multi/Sub-Object】（多维/子对象），并将水池边、池壁、水面的 ID 号分别设置为 1、2、3 号材质，如图 5.91 所示。

图5.90　设置贴图坐标　　　　　　　　　图5.91　设置水池材质 ID 编号

②使用同样的方法,分别编辑 1、2、3 号材质,其中 3 号水池材质在后期中进行调节,所以只需修改漫反射颜色,如图 5.92 所示,设置完水池材质后,将其模型进行隐藏。

4)编辑草地材质

选择一个空白的材质球,选择草地模型,将该材质球赋予草地模型,设置【Diffuse】(漫反射)颜色为绿色(RGB 分别为 40、144 和 40),基本参数设置如图 5.93 所示,赋予完成后将草地模型隐藏。

图5.92　编辑水池 1、2、3 号材质　　　　　图5.93　草地材质的参数设置

5)编辑地面材质

①选择一个空白的材质球,选择地面模型,将该材质球赋予地面模型,在其【Diffuse】(漫反射颜色)通道中添加一张位图,设置【Specular Level】(高光级别)和【Glossiness】(光泽度)参数分别为 12 和 9,单击 ▧ 按钮,显示纹理,并以【Instance】(实例)的方式复制贴图至【Bump】(凹凸)通道中,设置凹凸【Amount】(数量)为 50,如图 5.94 所示。

②此时渲染摄像机视图,效果如图 5.95 所示。

图5.94　地面材质　　　　　　　　　图5.95　编辑材质后的渲染效果

子任务5 渲染测试和灯光设置

1) 渲染测试设置

①按下【F10】快捷键,打开【Render Scene】(渲染场景),选择【Render】(渲染器)选项卡,进行渲染测试设置。

②打开【V-Ray:Global switchss】(全局开关),取消【Default Lights】(默认灯光)、【Hidden Lights】(隐藏灯光)的勾选,勾选【Max depth】(最大深度)并设置为1,如图5.96所示。

图5.96 设置全局开关参数

③打开【V-Ray:Image sampler(Antialiasing)】(图形采样),设置【Image sampler】(图像采样器)的【Type】(类型)为【Fixed】(固定),勾去【On】(开)选项,如图5.97所示。

④打开【V-Ray:Indirect illumination(GI)】(间接照明GI),勾选【On】(开)前面的复选框,设置【Secondary bounces】(二次反弹)的【Multiplier】(倍增值)为0.9,【GI engine】(全局光引擎)为【Light cache】(灯光缓存),如图5.98所示。

图5.97 设置图像采样(反锯齿)参数

图5.98 设置间接照明(GI)参数

⑤打开【V-Ray:Irradiance map】(发光贴图),设置【Current preset】(当前预置)为【Very Low】(非常低),【HSph. subdivs】(半球细分)为20,【Interp. samples】(插补采样)为20,勾选【Show calc. phase】(显示计算状态)、【Show direct light】(显示直接光),如图5.99所示。

⑥打开【V-Ray:Light cache】(灯光缓存),设置【Subdivs】(细分)为100,如图5.100所示。

图5.99 设置发光贴图参数

图5.100 设置灯光缓存参数

> 说明:设置完渲染参数后,需为场景创建球天环境,这样可以更好地观察渲染效果。

⑦在顶视图中创建一个【Radius】(半径)为40 000 mm的球体。

⑧将球体转换为【Editable Poly】(可编辑多边形),在前视图中删除球体的下半部分,然后在【Vertex】(顶点)次物体下使用缩放及移动工具调整球体形状和位置,如图5.101所示。

图 5.101　调整球体形状

◆◆
　　说明：球体的大小是根据场景的模型大小确定，球体只需包含住整个场景即可。
◆◆

　　⑨打开材质编辑器，赋予球天一个空白的材质球，在【Diffuse】（漫反射颜色）通道中添加一张天空环境的位图，并将【Self-Illumination】（自发光）中的【Color】（颜色）数值设置为 100，如图 5.102 所示。

　　⑩在修改面板中添加【Normal】（法线）修改器，并添加【UVW Mapping】（UVW 贴图）修改器，设置贴图类型为【Cylindrical】（柱形），如图 5.103 所示。

图 5.102　球天材质

图 5.103　设置贴图坐标

　　⑪选择球天模型，右键单击，在右键菜单中选择【Object Properties】（对象属性）命令，在弹出的对话框中，勾去【Visble to Camera】（对摄影机可见）、【Receive Shadows】（接收阴影）、【Cast Shadows】（投射阴影）选项。

　　⑫渲染摄影机视图，如图 5.104 所示。

2）灯光设置

　　①在灯光创建面板中单击【Target Directional Light】（目标平行光）按钮，在顶视图中合适位置单击并拖拽鼠标，创建一盏目标平行光作为场景的主光源，调整灯光的位置，如图 5.105 所示。

图 5.104　渲染摄影机视图效果

图 5.105　主光源位置

　　②设置灯光参数：勾选【On】（启用）阴影选项，选择【VRayShadow】（VRay 阴影）；设置灯光颜色为暖色系；灯光【Multiplier】（倍增值）为 0.78；【Hotspot/Beam】（聚光区/光束）为 13 972，【Falloff/Field】（衰减区/区域）为 41 155，如图 5.106 所示。

说明:创建完成灯光后,按下【Shift + $】组合键,可以进入灯光视图,可以通过 ◎、◎ 按钮分别调节聚光区、衰减区的大小,一般聚光区包含场景主体建筑物,衰减区包含整个场景,不要设置得过大,否则会增加渲染时间。

③渲染摄像机视图,渲染结果如图5.107所示。

图5.106　灯光参数设置　　　　　　　图5.107　渲染摄像机视图效果

子任务6　渲染输出

①设置渲染光子参数:打开【V-Ray:Global switches】(全局开关),勾选【Don't render final image】(不渲染最终的图像)选项,勾去【Max depth】(最大深度)选项,如图5.108所示。

②打开【V-Ray:Image sampler(Antialiasing)】(图像采样),设置【Image sampler】(图像采样器)的【Type】(类型)为【Fixed】(固定),关闭【Antialiasing filter】(抗锯齿过滤器),如图5.109所示。

图5.108　设置全局开关参数　　　　　图5.109　设置图像采集(反锯齿)参数

③打开【V-Ray:Irradiance map】(发光贴图),分别设置各参数,并勾选【Auto save】(自动保存)选项,单击【Browse】(浏览)按钮,设置保存光子路径,勾选【Switch to saved map】(切换到保存的贴图)选项,如图5.110所示。

④打开【V-Ray:rQMC Sampler】(rQMC采样器),设置参数如图5.111所示。

图5.110　设置发光贴图参数　　　　　图5.111　设置rQMC采样器参数

⑤打开【V-Ray:Light cache】(灯光缓存),设置【Subdivs】(细分)为 1 000,并勾选【Auto save】(自动保存)选项,单击【Browse】(浏览)按钮,设置保存光子路径,勾选【Switch to saved cache】(切换到保存的缓存文件)选项,如图 5.112 所示。

⑥打开【Common】(公用)选项卡,使用系统默认的【Output Size】(输出大小)为 640 mm×480 mm。

说明:在设置发光贴图的尺寸时,按照发光贴图:成品图为 1∶4 即可,不需设置过大, 否则浪费渲染时间。

⑦渲染摄像机视图,渲染效果如图 5.113 所示。

图 5.112　设置灯光缓存参数

图 5.113　渲染摄像机视图效果

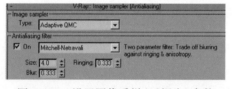

图 5.114　设置图像采样(反锯齿)参数

⑧光子文件渲染完毕后,在【V-Ray:Global switches】(全局开关)卷展栏中勾去【Don't render final image】(不渲染最终的图像)选项。打开【V-Ray:Image sampler (Antialiasing)】(图像采样), 设置参数如图 5.114 所示。

⑨由于在渲染光子时勾选了【Switch to saved map】(切换到保存的贴图)、【Switch to saved cache】(切换到保存的缓存文件)选项,系统会在渲染光子结束后,自动调用光子,如图 5.115 所示。

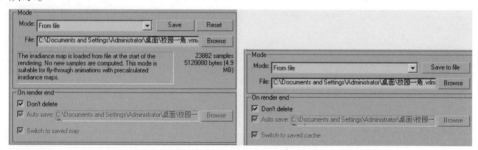

图 5.115　系统自动调用光子

⑩进入【Common】(公用)选项卡,单击【Files】(文件)按钮,设置保存路径,文件命名,设置保存类型为 TGA 格式,单击保存按钮,在弹出的对话框去勾去【Compress】(压缩),单击确定按钮,如图 5.116 所示。

图 5.116　设置保存路径及图片格式

⑪设置【Output Size】(输出大小)参数为 2 500 mm×1 870 mm,如图 5.117 所示。

⑫渲染摄影机视图,效果如图 5.118 所示。命名为"校园一角之长廊景观. max"。

⑬经 Photoshop 后期制作后效果如图 5.119 所示。

图 5.117　设置输出
大小参数

图 5.118　渲染摄影机
视图效果

图 5.119　校园一角之长廊景观
最终效果

任务 2　步行街景观设计的操作技能

子任务 1　创建场景模型

1)创建街道模型

①打开 3ds Max 软件,设置单位为 mm。

②在顶视图中创建一个长方体,命名为"街道",参数设置如图 5.120 所示。

③在顶视图中创建一个 90 000 mm×150 mm×450 mm、【Length Segs】(长度分段)为 30 的长方体,命名为"路沿",将其复制一个,位置如图 5.121 所示。

④在顶视图中创建一个 90 000 mm×2 000 mm×300 mm、【Length Segs】(长度分段)为 30 的长方体,命名为"侧道",将其复制一个,位置如图 5.122 所示。

图 5.120　参数设置　　　　图 5.121　路沿的位置　　　　图 5.122　侧道的位置

⑤选择"路沿"将其复制两个,分别放在两侧,如图 5.123 所示。

⑥在顶视图中创建一个 90 000 mm×12 000 mm×200 mm、【Length Segs】(长度分段)为 30 的长方体,命名为"路基",将其复制一个,位置如图 5.124 所示。

⑦激活顶视图,选择场景中的所有物体,对其施加【Bend】(弯曲)命令,设置弯曲【Angle】(角度)为 45 度,并选择 Y 轴,参数设置及街道模型如图 5.125 所示。

图 5.123　复制的路沿的位置　　　　　　图 5.124　路基的位置

2)创建树池模型

①在顶视图中创建一个 800 mm×800 mm×80 mm 的长方体,命名为"树池"如图 5.126 所示。

图 5.125　参数设置及结果　　　　图 5.126　创建的长方体

②在顶视图中创建一个 800 mm×800 mm 的矩形,命名为"树池边";选择"树池边",将其转换为可编辑样条线,激活【Spline】(样条线)次物体级,轮廓-33,结果如图 5.127 所示。

③关闭【Spline】(样条线)次物体,选择轮廓后的"树池边",对其施加【Bevel】(倒角)命令,并设置其各项参数,如图 5.128 所示。"树池"和"树池边"的相对位置如图 5.129 所示。

图 5.127　轮廓后　　　　　　　图 5.128　参数　　　图 5.129　造型的位置
　　　　　　　　　　　　　　　　　　　　设置

④在视图中同时选择"树池"和"树池边",将它们调整适当的角度放置到"侧道"上,然后复制 13 组,位置如图 5.130 所示。

⑤使用【VRay Proxy】(VRay 代理)创建树木。单击【Create】(创建)/【Geometry】(几何体)/【AEC Extended】(AEC 扩展)/【Foliage】(植物)/【Banyan tree】(孟加拉菩提树)命令,在顶视图中创建一棵孟加拉菩提树,并根据场景对其进行缩放,确认孟加拉菩提树处于被选择状态,右击鼠标,在弹出的快捷菜单中选择【V-Ray mesh export】(V-Ray 网格导出)命令,弹出【V-Ray mesh export】(V-Ray 网格导出)对话框。

⑥在【V-Ray mesh export】(V-Ray 网格导出)对话框中为文件指定一个路径,命名为"树",然后单击【OK】按钮,如图 5.131 所示。

图 5.130　造型的位置　　　　　　图 5.131　【V-Ray 网格导出】对话框

⑦单击命令面板中的【Create】(创建)/【Geometry】(几何体)/【VRay】/【VRay Proxy】(VR 代理)/【Browse】(浏览)按钮,在弹出的【Choose external mesh file】(选择外部网格文件)对话框中选择代理物体文件"树. vrmesh",单击【打开】按钮。然后在顶视图中单击鼠标 14 次,即代替物体将 14 棵树导入到场景中,分别移入树池中,如图 5.132 所示。

图 5.132　造型的位置

子任务 2　编辑材质

1)编辑街道材质

①单击工具栏中的 🔲【Render Scene Dialog】(渲染场景对话框)按钮,设置【V-Ray

Adv1.5RC5】为指定渲染器,单击【OK】按钮,关闭对话框。

②打开材质编辑器,选择一个材质示例球,命名为"街道"。

③在【Shader Basic Parameters】(明暗器基本参数)卷展栏中设置材质的明暗器为【Phong】(塑性),在【Phong Basic Parameters】(塑性基本参数)卷展栏中单击 按钮,取消锁定颜色,将材质的【Ambient】(环境光)设置为黑色(RGB 均为 0)、【Diffuse】(漫反射)和【Specular】(高光反射)均设置为白色(RGB 均为 255),并设置材质的【Specular Highlights】(反射高光)参数,如图 5.133 所示。

④单击【Diffuse】(漫射)按钮,在【Material/Map Browser】(材质/贴图浏览器)对话框中双击【Bitmap】(位图,选择"本书素材/任务 2——步行街景观设计/贴图/石材 03.jpg"文件,单击【打开】按钮。

⑤单击 按钮,返回贴图级别,将【Diffuse Color】(漫反射颜色)后的贴图类型拖动复制到【Bump】(凹凸)贴图类型,并将其数量设置为 200。

⑥在视图中选择所有的"街道",在材质编辑器中,将材质赋予选择的造型。

⑦对所赋予的造型选择【UVWMap】(UVW 贴图)命令,并设置各项参数,如图 5.134 所示。

⑧制作街道材质后的效果如图 5.135 所示。

图 5.133　参数设置　　图 5.134　参数设置　　图 5.135　街道材质效果

2)编辑路沿材质

①在材质编辑器中选择一个新的材质示例球,命名为"大理石"。

②在【Shader Basic Parameters】(明暗器基本参数)卷展栏中设置材质的明暗器为【Phong】(塑性),在【Phong Basic Parameters】(塑性基本参数)卷展栏中单击 按钮,取消锁定颜色,将材质的【Ambient】(环境光)设置为黑色(RGB 均为 0)、【Diffuse】(漫反射)和【Specular】(高光反射)均设置为白色(RGB 均为 255),并设置材质的【Specular Highlights】(反射高光)参数,如图 5.136 所示。

③单击【Diffuse】(漫射)按钮,在【Material/Map Browser】(材质/贴图浏览器)对话框中双击【Bitmap】(位图),选择"本书素材/任务 2——步行街景观设计/贴图/石材 02.jpg"文件,单击【打开】按钮。

④在视图中选择所有的"路沿"和"树池边",在材质编辑器中,将材质赋予选择的造型。

⑤对所赋予的造型选择【UVWMap】(UVW 贴图)命令,并设置各项参数,如图 5.137 所示。

⑥路沿材质效果如图 5.138 所示。

图 5.136　参数设置　　　图 5.137　参数设置　　　图 5.138　路沿材质效果

3）编辑侧道材质

①在材质编辑器中选择一个新的材质示例球，命名为"侧道"。

②在【Shader Basic Parameters】（明暗器基本参数）卷展栏中设置材质的明暗器为【Phong】（塑性），在【Phong Basic Parameters】（塑性基本参数）卷展栏中单击 按钮，取消锁定颜色，将材质的【Ambient】（环境光）设置为黑色（RGB 均为 0）、【Diffuse】（漫反射）和【Specular】（高光反射）均设置为白色（RGB 均为 255），并设置材质的【Specular Highlights】（反射高光）参数设置，如图 5.139 所示。

③单击【Diffuse】（漫射）按钮，在【Material/Map Browser】（材质/贴图浏览器）对话框中双击【Bitmap】（位图），选择"本书素材/任务 2——步行街景观设计/贴图/石材 07.jpg"文件，单击【打开】按钮。

④单击 按钮，返回贴图级别。将【Diffuse Color】（漫反射颜色）后的贴图类型拖动复制到【Bump】（凹凸）贴图类型，并将其数量设置为 100。

⑤在视图中选择所有的"侧道"，在材质编辑器中，将材质赋予选择的造型。

⑥对所赋予的造型选择【UVWMap】（UVW 贴图）命令，并设置各项参数，如图 5.140 所示。

⑦侧道材质效果如图 5.141 所示。

图 5.139　参数设置　　　图 5.140　参数　　　图 5.141　侧道材质效果
　　　　　　　　　　　　　　　设置

4）编辑路基材质

①在材质编辑器中选择一个新的材质示例球，命名为"路基"。

②在【Shader Basic Parameters】（明暗器基本参数）卷展栏中设置材质的明暗器为【Phong】（塑性），在【Phong Basic Parameters】（塑性基本参数）卷展栏中单击 按钮，取消锁定颜色，参数默认。

③单击【Diffuse】（漫射）按钮，在【Material/Map Browser】（材质/贴图浏览器）对话框中双击【Bitmap】（位图），选择"本书素材/任务 2——步行街景观设计/贴图/石材 07.jpg"文

件,单击【打开】按钮。

④在视图中选择所有的"路基",在材质编辑器中,将材质赋予选择的造型。

⑤对所赋予的造型选择【UVWMap】（UVW 贴图）命令,并设置各项参数,如图5.142 所示。

⑥制作路基材质后的效果如图 5.143所示。

图 5.142　参数设置

图 5.143　路基材质效果

5)编辑树池材质

①在材质编辑器中选择一个新的材质示例球,命名为"树池"。

②在【Shader Basic Parameters】（明暗器基本参数）卷展栏中设置材质的明暗器为【Phong】（塑性）,在【Phong Basic Parameters】（塑性基本参数）卷展栏中单击▣按钮,取消锁定颜色,将材质的【Ambient】（环境光）设置为黑色（RGB 均为 0）、【Diffuse】（漫反射）设置为绿色（RGB 分别为 30、100、5）、【Specular】（高光反射）均设置白色（RGB 均为 255）,并设置材质的【Specular Highlights】（反射高光）参数,如图 5.144 所示。

③单击【Diffuse】（漫射）按钮,在【Material/Map Browser】（材质/贴图浏览器）对话框中双击【Bitmap】（位图）,选择"本书素材/任务 2——步行街景观设计/贴图/草地 01. jpg"文件,单击【打开】按钮。

④单击▲按钮,返回贴图级别。将【Diffuse Color】（漫反射颜色）后的贴图类型拖动复制到【Bump】（凹凸）贴图类型,并将其数量设置为 100。

⑤在视图中选择所有的"树池",在材质编辑器中,将材质赋予选择的造型。

⑥对所赋予的造型选择【UVWMap】（UVW 贴图）命令,并设置各项参数,如图 5.145 所示。

⑦制作树池材质后的效果如图 5.146 所示。

图 5.144　参数设置

图 5.145　参数设置

图 5.146　树池材质效果

6)编辑树木材质

①在材质编辑器中选择一个新的材质示例球,命名为"树木"。将材质类型设置为【VRay Mtl】。

②设置参数如图 5.147 所示。

③在视图中选择所有的"树木",将材质赋予选择的造型。制作树木材质后的效果如图5.148所示。

RGB分别为37、128、59

RGB均为34

RGB均为44

图 5.147 参数设置　　　　　　　　图 5.148 树木材质效果

子任务 3 合并构件

①合并路灯。在菜单栏中执行【File】（文件）/【Merge】（合并）命令，从弹出的合并文件对话框中选择"本书光盘/项目五/任务 2/合并线架/路灯 01. max"文件，单击【打开】按钮将其打开，在弹出的合并对话框中选择【全部】，然后单击【OK】按钮，将造型合并到场景中。

②在视图中调整造型的位置，如图 5.149 所示。

③将路灯复制 13 个，分别放置到合适的位置，如图 5.150 所示。

图 5.149 路灯的位置　　　　　　　图 5.150 复制后路灯的位置

④用相同的方法，将"合并线架"文件夹中的"转角楼. max""楼. max""广告牌. max""小品. max"等合并到场景中，并适当进行缩放、复制、旋转、移动等操作，分别放于合适的位置，如图 5.151 所示。

图 5.151 合并所有造型的位置

子任务4　设置摄影机

①单击创建命令面板中的 /【Target】（目标）命令,在顶视图中创建一个目标点摄影机,调整摄影机的位置,如图5.152所示。

图5.152　摄影机的位置

②在修改命令面板中的【Parameters】（参数）卷展栏下,设置摄影机的【FOV】（视野）为60,激活透视图,按【C】键将透视图转换为摄影机视图,如图5.153所示。

③单击 按钮打开显示命令面板,在【Hide by Category】（按类别隐藏）卷展栏下勾选【Cameras】（摄影机）复选框将其隐藏,如图5.154所示。

图5.153　转换为摄影机视图　图5.154　隐藏摄影机

子任务5　设置灯光

①在灯光创建命令面板中单击 /【VRay】/【VRaySun】（VR 阳光）按钮,在顶视图中创建一盏“VR 阳光”光源,命名为“太阳光”,系统自动弹出【VRaySun】（VR 阳光）对话框,如图5.155所示。单击【是】按钮关闭对话框,自动添加一张 VR 天光环境贴图。

②在【VRaySun Parameters】（VR 阳光参数）卷展栏下设置其各项参数,如图5.156所示。

③在视图中调整“太阳光”的位置,如图5.157所示。

图5.155　“VR 阳光”对话框

图5.156　参数设置　　　　　　　　图5.157　“太阳光”的位置

④在顶视图中创建一盏泛光灯,命名为"漫反射光",调整它的位置,如图 5.158 所示。

图 5.158　"漫反射光"的位置

⑤在【General Parameters】(常规参数)卷展栏下,勾选【Shadows】(阴影)下的【On】,并选择【VrayShadow】(Vray 阴影);在【Intensity、Color、Attenuation】(强度/颜色/衰减)卷展栏下设置【Multiplier】(倍增)为 0.3,颜色为淡蓝色,如图 5.159 所示。

⑥在菜单栏中执行【Rendering】(渲染)/【Environment】(环境)命令,在打开的【Environment and Effects】(环境和效果)对话框中设置背景颜色为白色,如图 5.160 所示。

图 5.159　参数设置　　　　　　　图 5.160　设置背景颜色

⑦打开材质编辑器,将【Environment Map】(环境贴图)后的贴图类型拖动实例复制到一个新的材质示例球上。系统弹出【Instance(Copy)Map】(实例副本贴图)对话框,选择默认设置,然后单击【OK】按钮关闭对话框。

⑧在【VRaySky Parameters】(VR 阳光参数)卷展栏中勾选【manual sun node】(手动阳光节点)复选框,单击【sun node】(阳光节点)后的【None】按钮,在视图中单击"VR 阳光 01",然后设置其参数,如图 5.161 所示。

⑨单击 按钮打开显示命令面板,在【Hide by Category】(按类别隐藏)卷展栏下勾选【Lights】(灯光)复选框将其隐藏,至此,场景中的灯光设置完成。

图 5.161　参数设置

子任务 6　渲染输出

1)预览渲染设置

①单击工具栏中的 按钮,打开【Render Scene】(渲染场景)对话框,在【Render】(渲染器)选项卡的【V-Ray∷Global switches】(V-Ray∷全局开关)卷展栏下,取消选择【Default lights】(默认灯光)复选框,如图 5.162 所示。

②在【V-Ray∷Indirect illumination(GI)】[V-Ray∷间接照明(GI)]卷展栏下,选择【On】(开)复选框,如图 5.163 所示。

③在【V-Ray∷Irradiance map】(V-Ray∷发光贴图)卷展栏下,将【Current preset】(当前预置)设置为【low】(低),【HSph subdivs】(模型细分)为 30,如图 5.164 所示。

④在【V-Ray∷Environment】(V-Ray∷环境)卷展栏下,选择【GI Environment(skylight) override 】[全局光环境(天光)覆盖]为开,设置颜色为白色,设置【Multiplier】(倍增器)为0.8,如图5.165所示。

图5.162   参数设置

图5.163   参数设置

图5.164   参数设置

图5.165   参数设置

⑤单击【Render】(渲染)按钮,渲染开始,渲染效果如图5.166所示。

2)渲染光子图

①单击工具栏中的 ![] 按钮,打开【Render Scene】(渲染场景)对话框,在【Common】(公用)选项卡中设置渲染尺寸的【Width】(宽度)为320 mm,【Height】(高度)为240 mm,如图5.167所示。

图5.166   渲染输出   图5.167   设置【Common】(公用)参数卷展栏

②在【Render】(渲染器)选项卡下,打开【V-Ray::Irradiance map】(V-Ray::发光贴图)卷展栏,勾选【On render end】(渲染后)下面的三个复选框,自动保存光子图,并且在下一次渲染时自动使用光子图,如图5.168所示。

③单击【Auto save】(自动保存)后面的【Browse】(浏览)按钮,弹出【Auto save irradiance map】(保存发光贴图)对话框,设置光子图的名称和保存路径。

④单击【Render】(渲染)按钮,渲染效果如图5.169所示。

图5.168   参数设置   图5.169   渲染输出

3) 最终输出

①单击工具栏中的 ![] 按钮,打开【RenderScene】(渲染场景)对话框,在【Common】(公用)选项卡中设置渲染尺寸的【Width】(宽度)为 3 000 mm,【Height】(高度)为 2 250 mm,如图 5.170 所示。

②在【V-Ray∷Irradiance map】(V-Ray∷发光贴图)卷展栏下,在【Mode】(方式)栏里,单击【Browse】(浏览)按钮,将前面存储的"步行街.vrmap"文件双击打开,如图 5.171 所示。

图 5.170　参数设置

③在【V-Ray∷Irradiance map】(V-Ray∷发光贴图)卷展栏下,将【Current preset】(当前预置)设置为【Medium】(中),如图 5.172 所示。

图 5.171　导入文件

图 5.172　设置发光贴图卷展栏

④单击【Render】(渲染)按钮,渲染开始,渲染效果如图 5.173 所示。命名为"步行街黄昏景观.max"。

⑤在渲染效果对话框中单击 ![] 按钮,在弹出的【BrowseImages for Output】(浏览图像供输出)对话框中将文件保存为"步行街黄昏景观.tif",并存储 Alpha 通道。

最后,经过 Photoshop 后期制作后的效果如图 5.174 所示。

图 5.173　步行街黄昏景观渲染效果

图 5.174　步行街黄昏景观最终效果

任务 3　别墅庭院景观设计的操作技能

子任务 1　创建场景模型

1) 创建别墅简易模型和台阶模型

①打开 3ds Max 软件,设置单位为毫米,单击菜单【File】(文件)/【Import】(导入)命令,导入"本书素材/项目五/任务 3——别墅庭院设计/CAD/简化的别墅庭院景观.dwg"文件,对导入进来的 CAD 文件进行成组,命名为"庭院",然后对组的位置进行归零、冻结处理,如

图 5.175 所示。

图 5.175　导入并设置 CAD 图形

②使用【Line】(线)命令,绘制出别墅的外轮廓,挤出 1 000,如图 5.176 所示。

<table>
<tr><td>图 5.176　制作出别墅</td><td>图 5.177　制作一节楼梯</td></tr>
</table>

> 说明:由于本任务重点表现庭院景观,别墅主体只是作为辅助物体,所以此处仅制作一个示意物即可。

③使用【Line】(线)命令绘制一节楼梯的外轮廓,挤出 150,如图 5.177 所示。

④转换为【Editable Poly】(可编辑多边形),进入 ■【Polygon】(多边形)子物体级,选择西面的多边形,右键单击,在弹出的菜单栏中,单击【Extrude】(挤出)前面的 ■ 按钮,在弹出的对话框中设置挤出高度为 311,如图 5.178 所示。

图 5.178　设置出高度

⑤选择第二块台阶的顶面,右键单击,在弹出的菜单栏中,点击挤出前面的▢按钮,在弹出的对话框中设置【Extrusion Height】(挤出高度)为150,如图5.179所示。

图5.179　制作第二节台阶

⑥配合【Ctrl】键加选西面两块多边形,右键单击,在弹出的菜单栏中,点击【Extrude】(挤出)前面的▢按钮,设置【Extrusion Height】(挤出高度)为311,如图5.180所示。

图5.180　挤出第三节台阶

⑦使用同样的方法,制作出第三节台阶的高度,如图5.181所示。

图5.181　制作第三节台阶高度

⑧使用同样的方法制作出其余的台阶,如图 5.182 所示。

2) 创建园路模型

①使用【Line】(线)命令绘制出园路的外轮廓,在出现弧度时样条线出现锯齿状,如图 5.183 所示。

图 5.182　使用可编辑多边形命令制作台阶模型　　　　图 5.183　绘制园路外轮廓

②选择样条线中的【Segment】(线段)层级,在修改面板中点击【Divide】(细分)命令 4 次,均匀地增加点,选择所有的点,右键单击,在弹出的菜单栏中转换为【Corner】(角),如图 5.184 所示。

③对样条线挤出 20,如图 5.185 所示。

图 5.184　细分线段　　　　　　　　　　　图 5.185　添加挤出命令

④将园路转换为【Editable Poly】(可编辑多边形),选择路面,右键单击,在弹出的菜单栏中点击【Inset】(插入)命令前面的 ■ 按钮,设置插入量为 200,如图 5.186所示。

图 5.186　添加插入命令

⑤选择插入之后的多边形，再次单击鼠标右键，在弹出的菜单栏中点击【Extrude】(挤出)命令前面的■按钮，设置【Extrusion Height】(挤出高度)为 –10，园路就制作好了，如图5.187 所示。

图 5.187　添加挤出命令

3)创建喷水鱼池模型

①使用【Line】(线)命令，在顶视图绘制出鱼池的外轮廓，并命名为"鱼池"。在出现弧线的地方将线段细分，然后将其【Outline】(轮廓)设置为 280，如图 5.188 所示。

②挤出 280，如图 5.189 所示。

③将鱼池转换为【Editable Poly】(可编辑多边形)，进入■【Polygon】(多边形)子物体级，选择顶面，右键单击，在弹出的菜单栏中点击【Bevel】(倒角)命令前面的■按钮，在弹出的对话框中，设置轮廓数量为 30，如图 5.190 所示。

图 5.188　设置轮廓数值

图 5.189　添加挤出命令　　　　图 5.190　设置轮廓数量

④单击右键，在弹出的菜单栏中点击【Extrude】(挤出)命令前面的■按钮，在弹出的对话框中，设置【Extrusion Height】(挤出高度)为 20，如图 5.191 所示。

⑤选择鱼池模型的内侧的样条线，在修改面板中勾选【Copy】(复制)，点击【Detach】(分离)命令，分离复制出一条样条线，如图5.192所示。

图 5.191　挤出　　　　图 5.192　分离复制样条线

⑥对分离复制出来的样条线挤出 –350，勾去【Cap End】(封底)，如图 5.193 所示。

图 5.193　添加挤出命令

⑦挤出后发现面出现黑色,说明面的法线反了,添加【Normal】(法线)命令进行修补,鱼池就制作好了,如图5.194所示。

4)制作花盆模型

①单击【Line】(线)命令,在前视图绘制花盆口的截面,如图5.195所示。

②对样条线添加【Lathe】(车削)命令,在修改面板中的【Direction】(方向)点击Y轴、【Align】(对齐)方式点击【Min】(最小),激活车削命令中的【Axis】(轴),使用移动工具沿X轴进行移动,结果如图5.196所示。

图5.194　鱼池

图5.195　花盆口截面

图5.196　添加车削命令

说明:该水池地面高度为300 mm,池壁内侧高度为650 mm,所以才会挤出两部分,红色部分为地上部分,黄色部分为地下部分。

③切换到顶视图,使用【Star】(星形)命令,绘制一个星形,参数设置及位置如图5.197所示。

④添加【Editable Spline】(编辑样条线)命令,对星形轮廓进行设置,数值为8,如图5.198所示。

图5.197　星形的参数设置及位置

图5.198　对样条线进行轮廓设置

图5.199　添加放样命令

⑤切换到前视图,绘制一根直线,选择星形,点击【Loft】(放样)命令,在该命令面板中,点击【Get Path】(拾取路径),在视图中点击拾取直线,结果如图5.199所示。

⑥在修改面板中的【Deformations】(变形)卷展栏中单击【Scale】(缩放)按钮,在弹出的缩放变形对话框中,调整缩放控制线,其中为了模型的制作,点击❋按钮,进行加点,并在点的位置上右键单击,转换成光滑点,最终得到效果如图5.200所示。

⑦切换到前视图,使用【Line】(线)命令,绘制出底座的截面,如图5.201所示。

图 5.200　对模型进行缩放变形

⑧添加【Lathe】（车削）命令，点击 Y 轴，最小对齐方式，效果如图 5.202 所示。

图 5.201　底座截面

图 5.202　添加车削命令

⑨将花盆三部分模型进行移动，相对位置如图 5.203 所示。然后同时选择这个部分模型进行成组，命名为"花盆"。

⑩将花盆以【Instance】（实例）的方式复制，放置在场景中合适的位置，如图 5.204 所示。

图 5.203　花盆模型

图 5.204　复制花盆

5）制作喷泉模型

①在顶视图中绘制一个星形并设置参数，如图 5.205 所示。

②添加【Editable Spline】（编辑样条线）命令，对星形样条线轮廓设置为 50，如图 5.206 所示。

③挤出 500，如图 5.207 所示。

图 5.205　星形及参数设置　　图 5.206　对样条线进行　　图 5.207　添加挤出命令
轮廓设置

④添加【FFD4×4×4】命令，选择控制点，调整模型外形，效果如图 5.208 所示。

⑤添加【Editable Poly】（可编辑多边形）命令，右键单击，在弹出的菜单栏中，点击【Bevel】（倒角）前面的 ■ 按钮，在弹出的对话框中设置轮廓数量为 30，再次右键单击，在弹出的菜单栏中，点击【Extrude】（挤出）前面的 ■ 按钮，在弹出的对话框中设置【Extrusion Height】

（挤出高度）为30,效果如图5.209所示。

图5.208　添加 FFD4×4×4 命令　　　　　　　图5.209　添加可编辑多边形

> 说明:该模型制作过程中没有直接将模型转换为可编辑多边形,而是添加可编辑多边形命令,是因为转换之后会将之前的命令清空,这样不利于之后修改模型,所以为了之后模型的修改,此处都是使用添加可编辑多边形命令。

　　⑥使用【Line】(线)命令,在顶视图中绘制曲线,添加【Extrude】(挤出)命令,如图5.210所示。

　　⑦在修改面板中添加 FFD3×3×3,选择控制点进行调整模型外形,如图5.211所示。

图5.210　绘制曲线并挤出　　　　　　　图5.211　添加 FFD3×3×3

　　⑧在修改面板中添加【Bend】(弯曲)命令,设置弯曲值为50,在前视图中调整弯曲命令下 Gizmo 的位置,如图5.212所示。

　　⑨在顶视图中对模型以【Instance】(实例)的方式进行旋转复制,如图5.213所示。

图5.212　添加弯曲命令　　　　　　　图5.213　旋转复制模型

　　⑩统一添加【FFD4×4×4】修改命令,利用控制点调整模型形状,如图5.214所示。

　　⑪制作喷泉水面。选择喷泉大托盘,激活【Edge】(边)层级,选中一条边,点击修改面板

图 5.214 添加 FFD4×4×4

中的【Loop】(循环),将一圈的边同时选择,如图 5.215 所示。

⑫单击修改面板中的【Create Shape】(创建边)命令,将选择的边单独成为样条线,将其转换为【Editable Poly】(可编辑多边形),形成水面,如图 5.216 所示。

图 5.215 选择边   图 5.216 制作的水面

⑬将这两部分模型沿 Z 轴向上进行复制,调节控制点,制作上下层的连接件,喷泉模型制作完毕,如图 5.217 所示。

6) 制作花架模型

制作如图 5.218 所示的花架模型(在上一任务中已详细讲解过类似模型的作法,在此不再分步骤制作)。

图 5.217 喷泉模型   图 5.218 制作花架

7) 制作草地模型

①按照 CAD 图形绘制出草地的轮廓并挤出,如图 5.219 所示,然后将其转换为【Editable Poly】(可编辑多边形)。

②此时发现草地将鱼池底挡住了,将鱼池底部模型复制一份与草地单独孤立出来,如图 5.220 所示。

③将复制的鱼池底部模型进行修改:删除法线命令,

图 5.219 制作草地

在挤出命令修改面板中,勾选【Cap End】(封底),修改完毕后在前视图中将鱼池底部模型沿 Z 轴向上移动,贯穿草地模型,如图 5.221 所示。

图 5.220　单独孤立模型

图 5.221　修改鱼池底部模型

④选择草地模型,单击 ◎/【Compound Objects】(复合物体)/【Boolean】(布尔)命令,点击【Pick Operand B】(拾取 B 物体),在视图中点击修改后的鱼池底部模型,结果如图 5.222 所示。

⑤布尔运算后发现模型中有块黑色区域,这是计算机在进行布尔运算时出的错误,在修改面板中添加【Smooth】(光滑)命令,便可修改,如图 5.223 所示。

图 5.222　布尔运算后的效果

图 5.223　添加光滑命令

8)制作草地灯模型

①按照 CAD 图形绘制一个矩形,挤出 50,将其转换为【Editable Poly】(可编辑多边形),选择顶面,右键单击,在弹出的菜单栏中点击【Inset】(插入)命令前面的 ■ 按钮,在弹出的对话框中,设置插入量为 50,如图 5.224 所示。

②选择插入之后的多边形,再次右键单击,在弹出的菜单栏中点击【Extrude】(挤出)命令前面的 ■ 按钮,在弹出的对话框中,设置挤出【Amount】(数量)为 −30,如图 5.225 所示。

图 5.224　设置插入量

图 5.225　设置挤压数值

③绘制一圆形,挤出 50,将其转换为【Editable Poly】(可编辑多边形),选择顶面一条边,

点击修改面板中的【Loop】(循环),选中顶面的边,点击修改面板中的【Chamfer】(切角),在视图中对选中的边进行【Chamfer】(切角)处理,如图 5.226 所示。

④选择顶面,右键单击,在弹出的菜单栏中点击【Inset】(插入)命令前面的■按钮,在弹出的对话框中,设置【Inset Amotnt】(插入量)为 30,如图 5.227 所示。

⑤选择插入之后的多边形,再次右键单击,在弹出的菜单栏中点击【Extrude】(挤出)命令前面的■按钮,在弹出的对话框中,设置挤出【Amount】(数量)为 150,如图 5.228 所示。

图 5.226   进行切角处理

图 5.227   设置插入量

⑥使用相同的方法制作出草地灯的顶部模型,如图 5.229 所示。

图 5.228   设置挤出数量

图 5.229   制作草地灯
顶部模型

⑦激活【Edge】(边)层级,选择中间竖向的边,点击修改面板中的【Create Shape From Selection】(从边创建样条线),复制出一组样条线,如图 5.230 所示。

图 5.230   从边创建样条线

⑧选择复制出的样条线,适当放大,让样条线与中间的面有一定距离,如图 5.231 所示。

⑨选择样条线,在其修改面板的【Rending】(渲染)卷展栏中勾选【Enable In Renderer】(渲染时可见)、【Enable In Viewport】(视图中可见),设置【Thickness】(厚度)为 5,如图 5.232 所示。

图 5.231   调整样条线

图 5.232   设置渲染选项

⑩将草地灯模型进行成组,并命名为"草地灯",复制到场景中的另一处,如图5.233所示。

9)制作墙体模型

①在顶视图中绘制出一段墙体的曲线,其轮廓150,挤出1 200,如图5.234所示。

图5.233　复制草地灯　　　　　　　　　图5.234　制作墙体

②将墙体转换为【Editable Poly】(可编辑多边形),通过点的调节,将墙体调节成如图5.235所示的形状。

③使用编辑多边形中的【Bevel】(倒角)、【Extrude】(挤出)命令制作出如图5.236所示的墙体细节。

图5.235　调节墙体　　　　　　　　　图5.236　制作墙体细节

④使用同样方法制作出内侧墙体,如图5.237所示。

最后,完善场景模型:按照CAD图形绘制出汀步的外轮廓,挤出20;分离复制鱼池内壁样条线,制作出水面;制作庭院围墙及园路,如图5.238所示。

图5.237　制作内侧墙体　　　　　　　　　图5.238　完善场景模型

子任务2　编辑材质

1)编辑台阶材质

①选择台阶模型,先将其进入孤立模式,按下M键,打开材质编辑器,选择一个空白材

质球,将其赋予给台阶模型,并将该材质球更名为"台阶"。

②选择"台阶"材质球,在【Diffuse】(漫反射颜色)通道中添加一张石材位图,设置【Specular Level】(高光级别)和【Glossiness】(光泽度)参数分别为 23 和 16,单击 🔳 按钮,显示纹理,以【Instance】(实例)的方式复制贴图至【Bump】(凹凸)通道中,设置凹凸【Amount】(数量)为 50。

③添加【UVW Mapping】(UVW 贴图),设置贴图类型为长方体,参数设置为 1 400 mm × 1 400 mm × 1 400 mm,如图 5.239 所示。

图 5.239　制作台阶材质

说明:本任务的贴图均在"本书素材/项目五/任务 3——别墅庭院设计"文件夹中,以后不再提示。

2)编辑喷水鱼池材质

①将鱼池地上及地下两部分模型进入孤立模型,将其两部分进行结合,设置多边形的 ID 编号,如图 5.240 所示。

②选择一个空白材质球,设置为多维子材质,数量为 3。设置 1 号子材质,在漫反射通道中添加一张大理石位图,设置【Specular Level】(高光级别)和【Glossiness】(光泽度)参数分别为 38、25,在【Reflection】(反射)通道中添加一张 VaryMap,数量设置为 20,添加【UVWMap】(UVW 贴图)命令,设置参数为 500 mm × 500 mm × 500 mm,如图 5.241 所示。

图 5.240　设置鱼池多边形
ID 编号

图 5.241　设置 1 号 ID 子材质

③设置 2 号子材质,在漫反射通道中添加一张石材位图,设置【Specular Level】(高光级别)和【Glossiness】(光泽度)参数分别为 15、27,以【Instance】(实例)的方式复制到凹凸材质通道,数量设置为 30,如图 5.242 所示。

图 5.242　设置 2 号 ID 子材质

④设置 3 号子材质,在漫反射通道中添加一张石材位图,设置【Specular Level】(高光级别)和【Glossiness】(光泽度)参数分别为 20、19,以【Instance】(实例)的方式复制到凹凸材质通道,数量设置为 50,如图 5.243 所示。

图 5.243　设置 2 号 ID 子材质

3)编辑水体材质

①选择水体模型,令其进入孤立模式。

②打开材质编辑器,选择一个空白材质球,将其赋予给水体模型,并将该材质球更名为"水体"。

③选择"水体"材质球,设置【Diffuse】(漫反射颜色)为浅蓝色,设置其【Specular Level】(高光级别)和【Glossiness】(光泽度)参数分别为 61、36。在凹凸贴图通道中添加【Noise】(噪波)贴图,设置噪波参数中【Size】(尺寸)为 180,凹凸的数量为 40,在反射通道中添加 VaryMap,设置数量为 30,如图 5.244 所示。

4)编辑喷泉材质

①将喷泉模型进入孤立模型,将其两个托盘进行结合,设置多边形的 ID 编号,如图 5.245 所示。

②选择一个空白的材质球,设置为多维子材质,数量为 2。

③设置 1 号子材质,在漫反射通道中添加一张石材位图,设置【Specular Level】(高光级

图 5.244　制作水体材质

图 5.245　设置托盘多边形 ID 编号

别)和【Glossiness】(光泽度)参数分别为 40、36,在【Reflection】(反射)通道中添加一张 Vary-Map,数量设置为 15,添加 UVW 贴图命令,设置参数为 5 000 mm × 5 000 mm × 5 000 mm,如图 5.246 所示。

图 5.246　设置 1 号 ID 子材质

④设置 2 号子材质,在漫反射通道中添加一张石材位图,设置【Specular Level】(高光级别)和【Glossiness】(光泽度)参数分别为 21、32,在【Reflection】(反射)通道中添加一张 VaryMap,数量设置为 5,如图 5.247 所示。

⑤选择托盘柱子模型,找到一个空白材质球,将其赋予给托盘柱模型,并将该材质球更名为"托盘柱",选择"托盘柱"材质球,在【Diffuse】(漫反射颜色)通道中添加一张石材位图,设置【Specular Level】(高光级别)和【Glossiness】(光泽度)参数分别为 19、20,以【Instance】(实例)的方式复制到凹凸材质通道,数量设置为 30,添加 UVW 贴图命令,设置参数为 100 mm × 100 mm × 100 mm。同时将之前调试好的"水体"材质赋予给托盘中的水体模型,如图 5.248 所示。

图 5.247　设置 2 号 ID 子材质

图 5.248　制作托盘柱子材质

5) 编辑陶土花盆材质

①选择陶土花盆模型,先将其进入孤立模式,按下【M】键,打开材质编辑器,找到一个空白材质球,将其赋予给花盆模型,并将该材质球更名为"花盆"。

②选择"花盆"材质球,在其【Diffuse】(漫反射颜色)通道中添加一张位图,设置【Specular Level】(高光级别)和【Glossiness】(光泽度)参数分别为 10 和 9,单击 按钮,显示纹理,以【Instance】(实例)的方式复制贴图至【Bump】(凹凸)通道中,设置凹凸【Amount】(数量)为 50,添加【UVW Mapping】(UVW 贴图),设置贴图类型为长方体,参数设置为 500 mm ×500 mm ×500 mm,如图 5.249 所示。

6) 编辑花架材质

①选择花架模型,先将其进入孤立模式,按下【M】键,调出材质编辑器,找到一个空白材质球,将其赋予给花架模型,并将该材质球更名为"木纹"。

②选择"木纹"材质球,在其【Diffuse】(漫反射颜色)通道中添加一张木纹位图,设置【Specular Level】(高光级别)和【Glossiness】(光泽度)参数分别为 16 和 20,单击 按钮,显示纹理,以【Instance】(实例)的方式复制贴图至【Bump】(凹凸)通道中,设置凹凸【Amount】(数量)为 50,添加【UVW Mapping】(UVW 贴图),设置贴图类型为长方体,参数设置为 100 mm ×100 mm ×100 mm,如图 5.250 所示。

图 5.249　制作陶土花盆材质

图 5.250　制作花架材质

7) 编辑草地灯材质

①将草地灯模型进入孤立模型,首先设置灯体模型多边形的 ID 编号,如图 5.251 所示。

图 5.251　设置灯体多边形 ID 编号

②选择一个空白的材质球,设置为多维子材质,数量为 2。

③设置 1 号子材质,在漫反射通道中添加一张石材位图,设置【Specular Level】(高光级别)和【Glossiness】(光泽度)参数分别为 12、8,单击 💠 按钮,显示纹理,以【Instance】(实例)的方式复制贴图至【Bump】(凹凸)通道中,设置凹凸【Amount】(数量)为 30,添加【UVW Mapping】(UVW 贴图),设置贴图类型为长方体,参数设置为 200 mm × 200 mm × 200 mm,如图 5.252 所示。

④设置 2 号子材质,设置漫反射通道的颜色,【Opacity】(不透明度)的数值为 45,如图 5.253 所示。

图 5.252　设置 1 号 ID 子材质

图 5.253　设置 2 号 ID 子材质

⑤制作草地灯其余模型材质:装饰柱材质设置漫反射通道的颜色为深灰色即可;底座使用之前调节好的"花盆"材质即可,结果如图 5.254 所示。

8)编辑园路等地面材质

①将园路模型进入孤立模型,首先设置园路模型多边形的 ID 编号,如图 5.255 所示。

图 5.254　草地灯材质

图 5.255　设置园路多边形 ID 编号

②选择一个空白的材质球,设置为多维子材质,数量为 2。

③设置 1 号子材质,在漫反射通道中添加一张铺地位图,设置【Specular Level】(高光级别)和【Glossiness】(光泽度)参数分别为 11、18,单击 按钮,显示纹理,以【Instance】(实例)的方式复制贴图至【Bump】(凹凸)通道中,设置凹凸【Amount】(数量)为 50,添加【UVW Mapping】(UVW 贴图),设置贴图类型为长方体,参数设置为 500 mm ×500 mm ×500 mm,如图 5.256 所示。

图 5.256　设置 1 号 ID 子材质

④设置 2 号子材质,在漫反射通道中添加一张铺地位图,设置【Specular Level】(高光级别)和【Glossiness】(光泽度)参数分别为 10、19,单击 按钮,显示纹理,以【Instance】(实例)的方式复制贴图至【Bump】(凹凸)通道中,设置凹凸【Amount】(数量)为 50,如图 5.257 所示。

图 5.257　设置 2 号 ID 子材质

⑤使用同样的方法,制作鹅卵石铺地,在其材质的【Diffuse】(漫反射颜色)通道中添加一张鹅卵石位图,设置【Specular Level】(高光级别)和【Glossiness】(光泽度)参数分别为 18、17,单击 按钮,显示纹理,以【Instance】(实例)的方式复制贴图至【Bump】(凹凸)通道中,设置凹凸【Amount】(数量)为 60,添加【UVW Mapping】(UVW 贴图),设置贴图类型为长方体,参数设置为 300 mm × 300 mm × 300 mm,如图 5.258 所示。

图 5.258　制作鹅卵石铺地材质

图5.259　汀步材质

⑥剩下的汀步使用之前制作的"花盆"材质即可,添加【UVW Mapping】(UVW 贴图),设置贴图类型为长方体,参数设置为100 mm ×100 mm ×100 mm,结果如图5.259所示。

9)编辑铁艺门材质

①选择门模型,先将其进入孤立模式,按下【M】键,打开材质编辑器,找到一个空白材质球,将其赋予给台阶模型,并将该材质球更名为"铁艺"。

②选择"铁艺"材质球,先将之前的【Blinn】(胶性)材质属性转换为【Metal】(金属)材质属性,设置【Diffuse】(漫反射)颜色接近黑色,设置【Specular Level】(高光级别)和【Glossiness】(光泽度)参数分别为132、86,在反射材质通道中添加 Vary Map,数量为100,如图5.260所示。

图5.260　制作铁艺门材质

10)编辑墙体材质

①将墙体模型进入孤立模型,首先设置墙体模型多边形的 ID 编号,如图5.261所示。

图5.261　设置墙体多边形 ID 编号

②选择一个空白的材质球,设置为多维子材质,数量为2。

③设置1号子材质,在漫反射通道中添加一张位图,设置【Specular Level】(高光级别)和【Glossiness】(光泽度)参数分别为11、22,单击 按钮,显示纹理,以【Instance】(实例)的方式复制贴图至【Bump】(凹凸)通道中,设置凹凸【Amount】(数量)为30,添加【UVW Mapping】(UVW贴图),设置贴图类型为长方体,参数设置为500 mm ×500 mm ×500 mm,如图5.262所示。

④设置2号子材质,在漫反射通道中添加一张位图,设置【Specular Level】(高光级别)和【Glossiness】(光泽度)参数分别为12、10,单击 按钮,显示纹理,以【Instance】(实例)的方式复制贴图至【Bump】(凹凸)通道中,设置凹凸【Amount】(数量)为30,如图5.263所示。

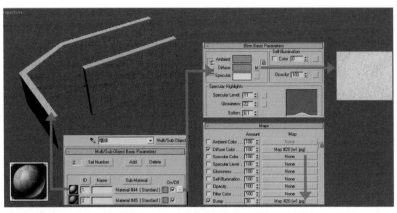

图 5.262 设置 1 号 ID 子材质

⑤使用同样的方法制作出庭院围墙材质,如图 5.264 所示。

图 5.263 设置 2 号 ID 子材质

图 5.264 围墙材质

11)编辑草地材质

①选择一个空白材质球,将其赋予草地模型,并将该材质球更名为"草地"。

②选择"草地"材质球,在其【Diffuse】(漫反射颜色)通道中添加一张草地位图,设置【Specular Level】(高光级别)和【Glossiness】(光泽度)参数分别为 14、18,单击 ◙ 按钮,显示纹理,以【Instance】(实例)的方式复制贴图至【Bump】(凹凸)通道中,设置凹凸【Amount】(数量)为 50,添加【UVW Mapping】(UVW 贴图),设置贴图类型为平面,参数设置为 1 000 mm × 1 000 mm × 1 000 mm,如图 5.265 所示。

图 5.265 制作草地材质

最后为别墅简易模型编辑材质,别墅在本任务中不是重点表现对象,所以材质编辑时只需调整漫反射的颜色即可。

子任务3　创建摄影机

①在顶视图中创建一个目标摄影机,如图5.266所示。

②按【C】键,将透视图转换为摄影机视图,在前视图中调整摄影机和目标点的高度,设置镜头参数,调整摄影机和目标点的位置,如图5.267所示。

图5.266　创建的摄影机 　　　　　　　　图5.267　调整摄影机

图5.268　渲染摄影机视图效果

③显示出安全框,然后渲染摄影机视图,结果如图5.268所示。

子任务4　渲染测试和灯光设置

1)渲染测试

①按下【F10】快捷键,打开【Render Scene】(渲染场景)对话框,选择【Render】(渲染器)选项卡,进行渲染测试设置。

②打开【V-Ray::Global switchss】(全局开关)卷展栏,取消【Default Lights】(默认灯光)、【Hidden Lights】(隐藏灯光)的勾选,勾选【Max depth】(最大深度)为1,如图5.269所示。

③打开【V-Ray::Image sampler(Antialiasing)】(图形采样)卷展栏,设置【Image sampler】(图像采样器)的【Type】(类型)为【Fixed】(固定),勾去【On】(开)选项,如图5.270所示。

图5.269　设置全局开关参数 　　　　　　图5.270　设置图像采样(反锯齿)参数

④打开【V-Ray::Indirect illumination(GI)】(间接照明GI)卷展栏,勾选【On】(开)前面

的复选框,设置【Secondary bounces】(二次反弹)的【Multiplier】(倍增值)为 0.9,【GI engine】(全局光引擎)为【Light cache】(灯光缓存),如图 5.271 所示。

　　⑤打开【V-Ray∷Irradiance map】(发光贴图)卷展栏,设置【Current preset】(当前预置)为【Very Low】(非常低),【HSph. subdivs】(半球细分)为 20,【Interp. samples】(插补采样)为 20,勾选【Show calc. phase】(显示计算状态)、【Show direct light】(显示直接光),如图 5.272 所示。

图 5.271　设置间接照明(GI)参数　　　　　图 5.272　设置发光贴图参数

　　⑥打开【V-Ray∷Light cache】(灯光缓存)卷展栏,设置【Subdivs】(细分)为 100,如图 5.273 所示。

　　⑦在顶视图中创建一个【Radius】(半径)为 8 800 的球体,转换为可编辑多边形,在前视图中删除球体的下半部分,使用缩放及移动工具调整球体形状,如图 5.274 所示。

图 5.273　设置灯光缓存参数

图 5.274　制作球天模型

　　⑧打开材质编辑器,赋予球天一个空白的材质球,在【Diffuse】(漫反射颜色)通道中添加一张天空环境的位图,并在【Self-lllumination】(自发光)中的【Color】(颜色)设置为 100,并在修改面板中添加【Normal】(法线)修改器,并添加 UVW 贴图修改器,设置贴图类型为柱形,如图 5.275 所示。

　　⑨选择球天模型,在右键菜单中选择【Object Properties】(对象属性)命令,在弹出的对话框中,勾去【Visble to Camera】(对摄影机可见)、【Receive Shadows】(接收阴影)、【Cast Shadows】(投射阴影)。

　　⑩渲染摄影机视图,如图 5.276 所示。

图 5.275　制作球天材质　　　　　图 5.276　摄影机视图渲染效果

2）灯光设置

①在灯光创建面板中单击【Target Directional Light】（目标点平行光）按钮，在顶视图合适位置单击并拖拽鼠标，创建一盏目标平行光作为场景的主光源，并调整灯光的位置。设置灯光参数依次为：勾选【On】（启用）阴影选项，并选择【VRayShadow】（VRay 阴影）；设置灯光颜色为暖色系；灯光【Multiplier】（倍增值）为 8.5；设置【Hotspot/Beam】（聚光区/光束）为8 000.0，【Falloff/Field】（衰减区/区域）为 9 000.0，如图 5.277 所示。

②渲染摄影机视图，渲染结果如图 5.278 所示。

图 5.277　主光源位置及灯光参数

图 5.278　渲染摄影机视图效果

子任务 5　渲染输出

①设置渲染光子参数：打开【V-Ray∷Global switches】（全局开关）卷展栏，勾选【Don't render final image】（不渲染最终的图像）选项，勾去【Max depth】（最大深度）选项，如图 5.279 所示。

②打开【V-Ray∷Image sampler(Antialiasing)】（图像采样）卷展栏，设置【Image sampler】（图像采样器）的【Type】（类型）为【Fixed】（固定），关闭【Antialiasing filter】（抗锯齿过滤器），如图 5.280 所示。

图 5.279　设置全局开关参数

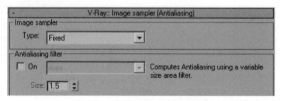
图 5.280　设置图像采集（反锯齿）参数

③打开【V-Ray∷Irradiance map】（发光贴图）卷展栏，分别设置各参数，并勾选【Auto save】（自动保存）选项，单击【Browse】（浏览）按钮，设置保存光子路径，勾选【Switch to saved map】（切换到保存的贴图）选项，如图 5.281 所示。

④打开【V-Ray∷rQMC Sampler】（rQMC 采样器）卷展栏，设置参数如图 5.282 所示。

⑤打开【V-Ray∷Light cache】（灯光缓存）卷展栏，设置【Subdivs】（细分）为 1 000，并勾选【Auto save】（自动保存）选项，单击【Browse】（浏览）按钮，设置保存光子路径，勾选【Switch

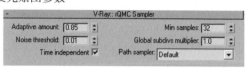

图 5.281 设置发光贴图参数

to saved cache】（切换到保存的缓存文件）选项，如图 5.283 所示。

⑥打开【Common】（公用）选项卡，使用系统默认的【Output Size】（输出大小）为 640 mm×480 mm。

图 5.282 设置 rQMC 采样器参数

⑦渲染摄像机视图，渲染效果如图 5.284 所示。

⑧光子文件渲染完毕后，在【V-Ray：：Global switches】（全局开关）卷展栏中勾去【Don't render final image】（不渲染最终的图像）选项。打开【V-Ray：：Image sampler（Antialiasing）】（图像采样）卷展栏中，设置参数如图 5.285 所示。

⑨由于在渲染光子时勾选了【Switch to saved map】（切换到保存的贴图）、【Switch to saved cache】（切换到保存的缓存文件）选项，系统会在渲染光子结束后，自动调用光子，如图 5.286 所示。

图 5.283 设置灯光缓存参数

图 5.284 渲染摄像机视图效果

图 5.285 设置图像采样（反锯齿）参数

⑩进入【Common】（公用）选项卡，单击【Files】（文件）按钮，设置保存路径，文件命名，设置保存类型为 TGA 格式，单击保存按钮，在弹出的对话框去勾去【Compress】（压缩），单击确定按钮，如图 5.287 所示。

⑪设置【Output Size】（输出大小）参数为 2 500 mm×1 875 mm，如图 5.288 所示。

⑫渲染摄像机视图，效果如图 5.289 所示。命名为"别墅庭院景观.max"存盘。

⑬经过 Photoshop 后期制作后效果如图 5.290 所示。

图 5.286　系统自动调用光子

图 5.287　设置保存路径及图片格式

图 5.288　设置输出大小参数　　　图 5.289　渲染摄像机视图效果　　　图 5.290　最终效果

任务 4　表现古典园林效果的操作技能

子任务 1　创建场景模型

1）创建水榭平台模型

①打开 3ds Max 软件,设置单位为毫米。

②在顶视图中绘制一个 22 000 mm × 45 000 mm 的参考矩形。

③在参考矩形内用【Line】(线)命令绘制一条闭合的曲线,命名为"台基",如图 5.291 所示。

④删除参考矩形,选择"台基",挤出 300。

⑤在顶视图中创建一个【Radius】(半径)为 300 mm,【Height】(高度)为 2 100 mm 的圆

柱体,命名为"基柱"。

　　⑥将"基柱"复制 16 个,调整位置,如图 5.292 所示。

　　　　图 5.291　绘制的曲线　　　　　　　　　　图 5.292　基柱复制后的位置

　　⑦在顶视图中创建一个【Radius】(半径)为 200 mm,【Height】(高度)为 1 005 mm 的圆柱体,命名为"台柱"。

　　⑧将"台柱"复制 9 个,调整位置,如图 5.293 所示。

　　⑨在顶视图中绘制一条封闭的曲线,命名为"栏",如图 5.294 所示。

　　　　图 5.293　台柱复制后的位置　　　　　　　图 5.294　绘制曲线

　　⑩曲线挤出 50,调整位置,如图 5.295 所示。

图 5.295　挤出后造型的位置

　　⑪在前视图中选择"栏"并锁定变换轴的 Y 轴,此时被选择的轴向呈黄色显示,然后向上移动复制一个,调整复制后造型的位置,如图 5.296 所示。

图 5.296　复制后造型的位置

　　⑫在顶视图中创建一个【Radius】半径为 150 mm,【Height】(高度)为 690 mm 的圆柱体,命名为"短柱"。

　　⑬将"短柱"复制 69 个,调整位置,如图 5.297 所示。

2）创建柱子模型

①在前视图中绘制一个 140 mm×110 mm 的参考矩形。然后使用【Line】(线)命令参考这个矩形绘制一条开放的曲线,命名为"柱础",如图 5.298 所示。

图 5.297　短柱复制后的位置

图 5.298　开放的曲线

②删除参考矩形,选择"柱础",对其施加【Lathe】(车削)命令,在【Parameters】(参数)卷展栏下选择【Weld Core】(焊接内核)复选框,【Segments】(分段)为 16,单击方向轴为 Y 轴,【Align】(对齐)为【Min】(最小),如图 5.299 所示。

③车削后的造型如图 5.300 所示。

④在顶视图中创建一个【Radius】(半径)为 100 mm,【Height】(高度)为 34 500 mm 的圆柱体,命名为"柱子",位置如图 5.301 所示。

图 5.299　参数
　　　设置

图 5.300　车削后的造型

图 5.301　柱子和柱础的相对位置

⑤在顶视图中绘制一个 8 600 mm×11 900 mm 的参考矩形,用于确定柱子的位置,参考矩形的位置如图 5.302 所示。

⑥在视图中同时选择"柱础"和"柱子",将它们复制 19 组,调整位置,如图 5.303 所示。然后删除参考矩形。

图 5.302　参考矩形的位置

图 5.303　造型的位置

3）创建门窗模型

①在顶视图中创建一个 6 300 mm×8 500 mm 的矩形，命名为"门槛"。转换为可编辑样条线，激活【Spline】（样条线）级别，轮廓100，如图 5.304 所示。

②选择轮廓后的图形，在修改器下拉列表中选择【Bevel】（倒角）命令，设置参数及结果如图 5.305 所示。

图 5.304　轮廓后的图形　　　　图 5.305　倒角参数设置及结果

③调整"门槛"的位置，如图 5.306 所示。

④单击【Line】（线）命令，在前视图中沿两根柱子之间绘制一条开放的曲线，命名为"门框"，如图 5.307 所示。

图 5.306　门槛的位置　　　　图 5.307　开放的曲线

⑤在修改器堆栈中激活【Spline】（样条线）次物体级，轮廓 -100，并按【Enter】键确认轮廓图形。

⑥对"门框"挤出 100，调整位置，如图 5.308 所示。

⑦在前视图中再绘制一条开放的曲线，命名为"门框 01"，如图 5.309 所示。

图 5.308　门框的位置　　　　图 5.309　开放的曲线

⑧激活【Spline】（样条线）次级，轮廓 -100。

⑨在顶视图中选择"门框 01"，挤出 100，将其沿 X 轴向左移动复制一个，调整位置，如图 5.310 所示。

图 5.310   复制后造型的位置

图 5.311   复制后造型的位置

⑩在顶视图中同时选择所有的门框,沿 Y 轴向上移动复制一组,调整位置,如图 5.311 所示。

⑪利用前面所介绍的方法,创建两侧的门框,如图 5.312 所示。

⑫在前视图中创建 6 个矩形,尺寸分别是:2 400 mm×520 mm、500 mm×450 mm、500 mm×450 mm、150 mm×450 mm、600 mm×450 mm 和 200 mm×450 mm,位置如图 5.313 所示。

⑬选择大矩形,转换为可编辑样条线,激活【Spline】(样条线)次级,将 6 个矩形附加到一起,命名为"门"。

⑭选择"门",在修改器下拉列表中选择【Bevel】(倒角)命令,设置其参数如图 5.314 所示。

图 5.312   两侧门框的位置

图 5.313   矩形
的位置

图 5.314   参数设置

⑮在前视图中依照"门"的尺寸再创建 3 个矩形。将这 3 个矩形附加到一起,命名为"门板"。然后在修改器下拉列表中选择【Bevel】(倒角)命令,设置其参数如图 5.315 所示。

⑯调整"门板"的位置,如图 5.316 所示。

⑰在前视图中创建一个 1 050 mm×450 mm×20 mm 的长方体,命名为"玻璃",位置如图 5.317 所示。

⑱同时选择"门""门板"和"玻璃",调整位置,如图 5.318 所示。

⑲确认所选造型仍处于选择状态,复制 55 组,调整位置,如图 5.319 所示。

⑳在前视图中创建两个矩形,尺寸分别是 370 mm×8 200 mm 和 308 mm×8 150 mm,单击【Align】(对齐)命令使两个矩形中心对齐,如图 5.320 所示。

图5.315 参数设置

图5.316 门板的位置

图5.317 玻璃的位置

图5.318 造型的位置

图5.319 复制后造型的位置

图5.320 两个矩形在前视图中的相对位置

㉑将两个矩形附加到一起,命名为"格框"。挤出50。

㉒在前视图中再创建两个矩形,尺寸分别为308 mm×40 mm 和95 mm×30 mm,将它们各复制一个,在视图中调整它们的大概位置,如图5.321所示。

㉓单击创建命令面板中的 ⌾/【Donut】(圆环)命令,在前视图中创建一个【Radius1】(半径1)为77 mm,【Radius2】(半径2)为55 mm的圆环,位置如图5.322所示。

㉔在前视图中将圆环复制5个,并且将右侧的两个矩形根据圆环的位置摆放到准确的位置上,如图5.323所示。

㉕在前视图中同时选择如图5.324所示的图形(图中的6个圆环),将它们沿X轴向右移动复制15组。

图5.321 图形的位置

图5.322 圆环的位置

图5.323 造型的位置

图5.324 选择的图形

㉖调整复制后图形的位置,如图5.325所示。

图 5.325　复制后图形的位置

㉗将所有矩形和圆环附加到一起，命名为"格"。

㉘选择"格"，挤出 50。调整"格框"和"格"的位置。

㉙在视图中同时选择"格"和"格框"，沿 Y 轴向上移动复制一组，调整位置，如图 5.326 所示。

4）创建檐枋模型

①在顶视图中创建一个 6 300 mm×8 500 mm 的矩形，命名为"檐枋"。转换为可编辑样条线，激活【Spline】（样条线）次级，轮廓 100。

②选择"檐枋"，挤出 400，调整位置，如图 5.327 所示。

③在顶视图中再创建一个 8 440 mm×11 760 mm 的矩形，命名为"外檐枋"。转换为可编辑样条线，激活【Spline】（样条线）次级，【Outline】（轮廓）100。

④选择轮廓后的"外檐枋"，挤出 400，调整位置，如图 5.328 所示。

图 5.326　复制后格和 　　　　图 5.327　檐枋的位置 　　　　图 5.328　外檐枋的位置
　　　　格框的位置

5）创建屋梁模型

①在顶视图中创建一个 8 585 mm×200 mm×200 mm 长方体，命名为"外梁"，位置如图 5.329 所示。

②在顶视图中选择"外梁"，将其沿 X 轴向右移动复制一个，调整位置，如图 5.330 所示。

图 5.329　外梁的位置 　　　　　　　　　　　图 5.330　复制后造型的位置

③在顶视图中再创建一个 6 500 mm×200 mm×200 mm 的长方体，命名为"七架梁"，调整位置，如图 5.331 所示。

④选择"七架梁"，将其向右平移复制一个，调整位置，如图 5.332 所示。

图 5.331　七架梁的位置 　　　　　　　　　　图 5.332　复制后造型的位置

⑤在顶视图中创建一个 200 mm×200 mm×700 mm 的长方体，命名为"瓜柱"，调整位置，如图 5.333 所示。

⑥在顶视图中选择"瓜柱",将其沿 Y 轴复制一个,调整位置,如图 5.334 所示。

图 5.333　瓜柱的位置

图 5.334　复制后造型的位置

⑦在左视图中创建一个 200 mm×4 300 mm×700 mm 的长方体,命名为"五架梁",调整位置,如图 5.335 所示。

⑧在左视图中选择"瓜柱",复制两个,调整位置,如图 5.336 所示。

图 5.335　五架梁的位置

图 5.336　复制后造型的位置

⑨在左视图中创建一个 200 mm×2 500 mm×200 mm 的长方体,命名为"三架梁",调整位置,如图 5.337 所示。

⑩在左视图中选择"瓜柱",将其复制一个,调整位置,如图 5.338 所示。

图 5.337　三架梁的位置

图 5.338　复制后造型的位置

⑪在顶视图中选择所有的"瓜柱""五架梁"和"三架梁",将它们沿 X 轴向右移动复制三组,调整位置,如图 5.339 所示。

⑫在左视图中创建一个【Radius】(半径)为 100 mm,【Height】(高度)为 12 000 mm 的圆柱体,命名为"檩",位置如图 5.340 所示。

图 5.339　复制后造型的位置

图 5.340　檩的位置

图 5.341　复制后造型的位置

⑬在左视图中选择"檩",将其复制 4 个,并将上面三根檩的高度值调整为 8 700,然后调整复制后造型的位置,如图 5.341 所示。

⑭在顶视图中创建一个 4 000 mm × 200 mm × 200 mm,【Length Segs】(长度分段)为 8 mm 的长方体,命名为"角梁"。单击工具栏中的 按钮,在顶视图中将其进行旋转,旋转后的造型如图5.342所示。

⑮再在左视图中对其进行旋转,旋转后的造型如图 5.343 所示。

图 5.342　旋转后的造型

图 5.343　继续旋转后的造型

⑯确认"角梁"处于选择状态,在修改器下拉列表中选择【FFD3 × 3 × 3】命令,在修改器堆栈中激活【Control Points】(控制点)次级,在前视图中选择中间所有的控制点,锁定 Y 轴,此时被选择的轴向呈黄色显示,然后向下移动,调整控制点的位置,如图 5.344 所示。

⑰在顶视图选择下面所有的顶点,单击工具栏中的 按钮,压缩顶点,如图 5.345 所示。

图 5.344　调整控制点

图 5.345　压缩顶点

⑱单击工具栏中的 按钮,调整"角梁"的位置,如图 5.346 所示。

⑲在顶视图中选择"角梁",单击工具栏中的 按钮,使"角梁"沿 X 轴镜像,镜像后移动到合适的位置,如图 5.347 所示。

图 5.346　造型的位置

图 5.347　镜像造型的位置

⑳在顶视图中选择所有的"角梁",单击工具栏中的 按钮,设置镜像轴为 Y 轴,选择实例的方式,在视图中调整镜像复制后造型的位置,如图 5.348 所示。

㉑在左视图中绘制一个 1 700 mm × 4 400 mm 的矩形,配合捕捉中点命令,对矩形进行次物体下点的编辑,编辑成如图 5.349 所示的三角形,命名为"博缝板"。

㉒在修改器堆栈中激活【Spline】(样条线)次级,轮廓 170。

㉓确认"博缝板"仍处于选择状态,挤出 100,调整位置,如图 5.350 所示。

图 5.348　镜像复制后造型的位置

图 5.349　绘制的三角形

图 5.350　博缝板的位置

㉔单击【Line】(线)命令,在左视图中沿"博缝板"的外边缘绘制一条封闭的曲线,命名为"山花"。对"山花"挤出 100。

㉕在前视图中同时选择"博缝板"和"山花",单击工具栏中的 ⚙ 按钮,设置镜像轴为 X 轴,选择实例的方式,在视图中调整镜像复制后造型的位置,如图 5.351 所示。

㉖创建屋顶。单击【Line】(线)命令,在左视图中沿着"檩"和"角梁"的边缘绘制一条封闭的曲线,命名为"板瓦",如图 3.352 所示。

图 5.351　镜像复制后造型的位置

图 5.352　绘制的曲线

㉗选择"板瓦",挤出 14 000,如图 5.353 所示。

㉘单击【Line】(线)命令,在顶视图中沿屋顶的轮廓绘制一条封闭的曲线,如图 5.354 所示。

㉙选择绘制的曲线,挤出 3 000,调整位置,如图 5.355 所示。

㉚在顶视图中选择"板瓦",单击创建命令面板中的 ⚫ /【Compound Objects】(复合对象)/【ProBoolean】(超级布尔)命令,在其命令面板中的【Parameters】(参数)卷展栏下,设置运算方式为【Intersection】(交集),然后单击【Pick Operand B】(拾取布尔对象)卷展栏下的【Start Picking】(开始拾取)按钮,在视图中选择挤出的造型,布尔后的"板瓦"如图 5.356 所示。

图 5.353　挤出板瓦

图 5.354　绘制的曲线

图 5.355　造型的位置

图 5.356　布尔运算后的"板瓦"造型

㉛在顶视图将"板瓦"镜像复制一个,两块"板瓦"的位置如图 5.357 所示。

㉜在前视图中绘制一条封闭的曲线,命名为"侧板瓦",如图5.358所示。

㉝选择"侧板瓦",挤出 14 000。

㉞在顶视图中沿侧屋顶的轮廓绘制一条封闭的曲线,如图 5.359 所示。

㉟选择绘制的曲线,挤出 3 000,调整位置,使之与"侧板瓦"的相对位置如图 5.360 所示。

图 5.357　板瓦的位置

图 5.358　绘制的曲线

图 5.359　绘制的曲线

图 5.360　造型的位置

㊱和前面一样,做布尔运算,布尔后的"侧板瓦"如图 5.361 所示。

㊲选择"侧板瓦",在顶视图中镜像一个,调整两块"侧板瓦"的位置,如图5.362所示。

图5.361　布尔运算后的侧板瓦造型

图5.362　侧板瓦的位置

㊳创建垂脊。在顶视图中绘制一条开放的曲线,命名为"路径",如图5.363 所示。

㊴激活【Vertex】(顶点)次级,分别在左视图和前视图中对曲线的顶点进行调整,调整后的图形如图5.364所示。

㊵在前视图中绘制一条封闭的曲线,命名为"截面",如图5.365 所示。

㊶选择"路径",单击 ⬤/【Compound Objects】(复合对象)/【Loft】(放样)命令,在其命令面板中的【Creation Method】(创建方法)卷展栏下单击【Get Shape】(获取图

图5.363　绘制的曲线

形)按钮,在视图中选择"截面"进行放样,命名为"垂脊",如图5.366 所示。

㊷确认"垂脊"仍处于选择状态,在修改器命令面板下的【Deformations】(变形)卷展栏中单击【Scale】(缩放)按钮,在弹出的【Scale Deformation(X)】(缩放变形)对话框中,调整左边点的位置,如图5.367 所示。

图5.364　调整后的图形

图5.365　绘制的曲线

图5.366　放样后的造型

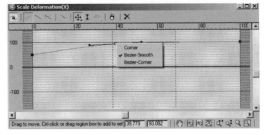

图5.367　参数设置

㊸在对话框中单击 ✳ 按钮,在红色曲线上添加一个角点,单击鼠标右键,在弹出的菜单中选择【Bezier-平滑】,单击 ✛ 按钮调整角点的位置,如图5.367 所示。关闭对话框。

㊹在视图中调整"垂脊"的位置,如图5.368 所示。

㊺在顶视图中选择"垂脊",单击工具栏中的 ⧓ 按钮,以实例的方式沿 Y 轴镜像复制一

个"垂脊"。然后选择两个"垂脊",在顶视图中沿 X 轴,以实例的方式进行镜像复制,并在视图中调整镜像复制后造型的位置,如图 5.369 所示。

图 5.368   垂脊的位置

图 5.369   镜像复制后四个垂脊的位置

㊻在左视图中绘制一条封闭的曲线,命名为"正脊",其尺寸参考"垂脊"的截面,如图 5.370所示。

㊼选择"正脊",挤出 8 900,调整位置,如图 5.371 所示。

图 5.370   绘制的曲线

图 5.371   正脊的位置

㊽在前视图中绘制一条封闭的曲线,命名为"正吻",如图 5.372 所示。

㊾选择"正吻",在修改器中选择【Bevel】(倒角)命令,设置其倒角值如图5.373所示。

㊿调整倒角后造型的位置,如图 5.374 所示。

图 5.372   绘制的　 图 5.373   参数　 图 5.374   正吻的位置
　　　　　　 曲线　 设置

○51选择"正吻",在前视图中将其沿 X 轴,以实例的方式镜像复制一个,移动其位置,如图 5.375 所示。

6)创建雀替模型

①在前视图中绘制多条封闭的曲线,如图 5.376 所示。

②在视图中把所有的曲线,附加到一起,命名为"雀替"。

③选择"雀替",在修改器中选择【Bevel】(倒角)命令,设置倒角值如图 5.377 所示。

图 5.375　镜像复制后正吻的位置　　　图 5.376　绘制的曲线　　　图 5.377　参数设置

④调整倒角后造型的位置,如图 5.378 所示。

图 5.378　倒角后造型的位置

⑤确认"雀替"处于选择状态,将"雀替"镜像,镜像后再复制若干,位置如图 5.379 所示。

图 5.379　复制后雀替的位置

至此,"榭"模型的制作创建完成。

7)创建廊和亭模型

①在顶视图中绘制一条封闭的曲线,命名为"栏 02",如图 5.380 所示。

②选择"栏 02",挤出 50,再将其复制一个,调整位置,如图 5.381 所示。

图 5.380　绘制的曲线　　　　　　　图 5.381　复制后造型的位置

③选择"短柱",将其复制 71 个;将"台柱"复制 13 个,调整位置;选择"柱础"和"柱子",将其复制 10 组,调整复制后造型的位置;廊和亭顶构架的制作方法与廊的基本相同,部分构

件通过复制来完成,在亭顶的制作中运用到了前面所讲的布尔运算;建筑模型创建完后,再创建一个长方体置于基台下,完成水面的创建,如图 5.382 所示。

图 5.382   最终模型

子任务 2   编辑材质

1)编辑柱础和柱材质

①单击工具栏中的 🖳【Render Scene Dialog】(渲染场景对话框)按钮,设置【V-Ray Adv1.5RC5】为指定渲染器。

②在工具栏中单击 ❸❸【Material Editor】(材质编辑器)按钮,打开材质编辑器,选择一个材质示例球,命名为"柱础"。在材质编辑器中,单击工具栏中的【Standard】(标准)按钮,在弹出的【Material/Map Browser】(材质/贴图浏览器)对话框中双击【VRay Mtl】选项。

③在【Basic parameters】(基本参数)卷展栏下将【Diffuse】(漫射)颜色设置为绿色(RGB 分别为 36、73 和 34)。单击【Diffuse】(漫射)按钮,在【Material/Map Browser】(材质/贴图浏览器)对话框中双击【Bitmap】(位图),选择"本书素材/任务 17——古典园林效果/贴图/大理石 02.jpg"文件,单击【打开】按钮。

④在视图中选择所有的"柱础",将材质赋予选择的造型,效果如图 5.383 所示。

⑤编辑柱材质。在材质编辑器中选择一个新的材质示例球,命名为"柱"。单击工具栏中的【Standard】(标准)按钮,在弹出的【Material/Map Browser】(材质/贴图浏览器)对话框中双击【VRay Mtl】选项。

⑥在【Basic parameters】(基本参数)卷展栏下将【Diffuse】(漫射)颜色设置为白色。单击【Diffuse】(漫射)按钮,在【Material/Map Browser】(材质/贴图浏览器)对话框中双击【Bitmap】(位图),选择"本书素材/任务 17——古典园林效果/贴图/木纹 02.jpg"文件后,单击【打开】按钮。

⑦在视图中选择所有的"柱子""檩""博缝板""瓜柱""三架梁""五架梁""门框""外梁""门槛""外檐枋""格框"和"格",在材质编辑器中,将材质赋予选择的造型。

⑧对所赋予的造型选择【UVWMap】(UVW 贴图)命令,并设置各数,如图 5.384 所示。

⑨制作"柱子"材质后的效果如图 5.385 所示。

图5.383　柱础材质效果　　　图5.384　参数设置　　　图5.385　柱材质效果

2）编辑木纹材质

①在材质编辑器中选择一个新的材质示例球，命名为"木纹"。并将材质类型设置为【VRay Mtl】。

②在【Basic parameters】（基本参数）卷展栏下将【Diffuse】（漫射）颜色的RGB分别设置为136、67和33；【Reflect】（反射）颜色的RGB均为13。单击【Diffuse】（漫射）按钮，在【Material/Map Browser】（材质/贴图浏览器）对话框中双击【Bitmap】（位图），选择"本书素材/任务17——古典园林效果/贴图/木纹03.jpg"文件，单击【打开】按钮。

③在视图中选择所有的"门板""门"和"雀替"，在材质编辑器中，将材质赋予选择的造型。

④对所赋予的造型选择【UVWMap】（UVW贴图）命令，并设置参数，如图5.386所示。

⑤制作木纹材质后的效果如图5.387所示。

图5.386　参数设置　　图5.387　木纹材质效果　　　　图5.388　参数设置

3）编辑玻璃材质

①在材质编辑器中选择一个新的材质示例球，命名为"玻璃"，将材质类型设置为【VRay Mtl】。在工具栏中设置【Material ID Channel】（材质ID通道）为1，如图5.388所示。

②在【Basic parameters】（基本参数）卷展栏下将【Diffuse】（漫射）颜色的RGB分别设置为129、163和163；【Reflect】（反射）颜色的RGB均为111，并设置参数，如图5.389所示。

③在视图中选择所有的"玻璃"，将材质赋予选择的造型，制作材质后的效果如图5.390所示。

图5.389　参数设置　　　　　　　　　图5.390　玻璃材质效果

4)编辑瓦材质

①在材质编辑器中选择一个新的材质示例球,命名为"瓦",将材质类型设置为【VRayMtl】。

②在【Basic parameters】(基本参数)卷展栏下将【Diffuse】(漫射)颜色设置为白色,并设置参数,如图所示。

③单击【Diffuse】(漫射)按钮,在【Material/Map Browser】(材质/贴图浏览器)对话框中双击【Bitmap】(位图),选择"本书素材/任务 17——古典园林效果/贴图/瓦 06. jpg"文件,单击【打开】按钮。

④在【Map】(贴图)卷展栏下,将【Diffuse】(漫射)贴图复制到【Bump】(凹凸)贴图栏中,并设置其凹凸【Bump】(数量)为 300。

⑤在视图中选择所有的"板瓦"和"侧板瓦",将瓦材质赋予选择的造型。

⑥对所赋予的造型选择【UVW Map】(UVW 贴图)命令,并设置参数,如图 5.391 所示。

⑦制作瓦材质后的效果如图 5.392 所示。

5)编辑灰土材质

①在材质编辑器中选择一个新的材质示例球,命名为"灰土"。

②在【Shader Basic Parameters】(明暗器基本参数)卷展栏中设置材质的明暗器为【Phong】(塑性),勾选【2-Sided】(双面)复选框。在【Phong Basic Parameters】(塑性基本参数)卷展栏中单击█按钮,取消锁定颜色,将材质的【Ambient】(环境光)设置为黑色(RGB 均为 0)、【Diffuse】(漫反射)为灰色(RGB 分别为 108、110 和 130)、【Specular】(高光反射)为白色(RGB 均为 255),并设置材质的【Specular Highlights】(反射高光)参数,如图 5.393 所示。

③在视图中选择所有的"正吻""正脊"和"垂脊",将灰土材质赋予选择的造型,制作材质后的效果如图 5.394 所示。

图 5.391　参数设置

图 5.392　瓦材质效果

图 5.393　参数设置

图 5.394　灰土材质效果

6)编辑檐枋材质

①在材质编辑器中选择一个新的材质示例球,命名为"檐枋",将材质类型设置为【VRayMtl】。

②在【Basic parameters】(基本参数)卷展栏下将【Diffuse】(漫射)颜色设置为绿色(RGB 分别为 34、103 和 20),其他参数默认。

③单击【Diffuse】(漫射)按钮,在【Material/Map Browser】(材质/贴图浏览器)对话框中双击【Bitmap】(位图),选择"本书素材/任务 17——古典园林效果/贴图/檐枋 01. jpg"文件,单击【打开】按钮。

④在视图中选择"檐枋",将檐枋材质赋予选择的造型。

⑤对所赋予的造型选择【UVW Map】(UVW贴图)命令,并设置参数,如图5.395所示。

⑥制作檐枋材质后的效果如图5.396所示。

图5.395 参数　图5.396 檐枋材质效果
　　　设置

7)编辑山花材质

①在材质编辑器中选择一个新的材质示例球,命名为"山花"。

②在【Shader Basic Parameters】(明暗器基本参数)卷展栏中单击 按钮,取消锁定颜色,将材质的【Ambient】(环境光)设置为黑色、【Diffuse】(漫反射)和【Specular】(高光反射)均为白色,勾选【Color】(颜色)复选框,并设置材质的【Specular Highlights】(反射高光)参数,如图5.397所示。

③在视图选择所有的"山花",在材质编辑器中,将材质赋予选择的造型,制作山花材质效果如图5.398所示。

8)编辑基柱材质

①在材质编辑器中选择一个新的材质示例球,命名为"基柱"。

②在【Shader Basic Parameters】(明暗器基本参数)卷展栏中设置材质的明暗器为【Phong】(塑性),在【Phong Basic Parameters】(塑性基本参数)卷展栏中单击 按钮,取消锁定颜色,将材质的【Ambient】(环境光)设置为黑色(RGB均为0)、【Diffuse】(漫反射)为绿色(RGB分别为98、123和123)、【Specular】(高光反射)为白色(RGB均为255),勾选【Color】(颜色)复选框,并设置材质的【Specular Highlights】(反射高光)参数,如图5.399所示。

③在【Map】(贴图)卷展栏中,单击【Diffuse Color】(漫反射颜色)贴图按钮,在【Material/Map Browser】(材质/贴图浏览器)对话框中双击【Bitmap】(位图),选择"本书素材/任务17——古典园林效果/贴图/老墙01.jpg"文件,单击【打开】按钮。

④在【Map】(贴图)卷展栏下,将【Diffuse】(漫射)贴图复制到【Bump】(凹凸)贴图栏中,并设置其凹凸【Bump】(数量)为100。

⑤在视图中选择所有的"基柱",将材质赋予选择的造型,制作材质后的效果如图5.400所示。

图5.397 参数设置　图5.398 山花材质　图5.399 参数设置　图5.400 基
　　　　　　　　　　　　效果　　　　　　　　　　　　　　　　柱材质效果

9)制作台柱材质

①在材质编辑器中选择一个新的材质示例球,命名为"栏杆"。并将材质类型设置为【VRayMtl】。

②在【Basic parameters】(基本参数)卷展栏下将【Diffuse】(漫射)颜色设置为白色。单击

【Diffuse】(漫射)按钮,在【Material/Map Browser】(材质/贴图浏览器)对话框中双击【Bitmap】(位图),选择"本书素材/任务17——古典园林效果/贴图/大理石06.jpg"文件,单击【打开】按钮。

③在视图中选择所有的"台柱"和"短柱",将栏杆材质赋予选择的造型。

④对所赋予的造型选择【UVW Map】(UVW贴图)命令,并设置参数,如图5.401所示。

⑤制作台柱和短柱等材质后的效果如图5.402所示。

10)编辑基台材质

①在材质编辑器中选择一个新的材质示例球,命名为"基台"。并将材质类型设置为【VRay Mtl】。

②在【Basic parameters】(基本参数)卷展栏下将【Diffuse】(漫射)颜色设置为白色。单击【Diffuse】(漫射)按钮,在【Material/Map Browser】(材质/贴图浏览器)对话框中双击【Bitmap】(位图),选择"本书素材/任务17——古典园林效果/贴图/大理石07.jpg"文件,单击【打开】按钮。

③在视图中选择所有的"台基"和"栏",将栏杆材质赋予选择的造型。

④对所赋予的造型选择【UVW Map】(UVW贴图)命令,并设置参数,如图5.403所示。

⑤制作台基和栏材质后的效果如图5.404所示。

图5.401　参数　　图5.402　台柱和短柱　　图5.403　参数　　图5.404　台基和
　　　设置　　　　　　材质效果　　　　　　　设置　　　　　　栏材质效果

11)编辑水材质

①在材质编辑器中选择一个新的材质示例球,命名为"水",将材质类型设置为【VRayMtl】。在工具栏中设置【Material ID Channel】(材质ID通道)为2。

②在【Basic parameters】(基本参数)卷展栏下将【Diffuse】(漫射)颜色设置为淡蓝色(RGB分别为204、246和255),【Reflect】(反射)颜色设置为浅灰色(RGB均为106),并设置参数,如图5.405所示。

③在【Map】(贴图)卷展栏中单击【Bump】(凹凸)按钮,在【Material/Map Browser】(材质/贴图浏览器)对话框中双击【Noise】(噪波),在【Noise parameters】(噪波参数)卷展栏下设置参数,如图5.406所示。

图5.405　参数设置　　　　图5.406　参数设置　　　　图5.407　水材质效果

④单击 按扭,返回上一级,设置【Bump】(凹凸)的数量为 100。

⑤在视图中选择"水",将水材质赋予选择的造型,制作材质后的效果如图 5.407 所示。

子任务 3 设置摄影机

①单击创建命令面板中的 /【Target】(目标)命令,在顶视图中创建一个目标摄影机,并在视图中调整摄影机的位置,如图 5.408 所示。

②在修改命令面板中的【Parameters】(参数)卷展栏下,设置摄影机的【FOV】(视野)为 60,激活透视图,按【C】键将透视图转换为摄影机视图,如图 5.409 所示。

图 5.408 摄影机的位置 　　　　图 5.409 转换摄影机视图

③单击 按钮打开显示命令面板,在【Hide by Category】(按类别隐藏)卷展栏下勾选【Cameras】(摄影机)复选框将其隐藏。

子任务 4 设置灯光

①在灯光创建命令面板中单击 /【VRay】/【VRaySun】(VR 阳光)按钮,在顶视图中创建一盏"VR 阳光"光源,系统自动弹出【V-RaySun】(VR 阳光)对话框,如图 5.410 所示。单击【是】按钮关闭对话框,自动添加一张 VR 天光环境贴图。

图 5.410 "VR 阳光"对话框

②在【Vray Sun Parameters】(VR 阳光参数)卷展栏下设置参数,如图 5.411 所示。

③在视图中调整"VR 阳光"的位置,如图 5.412 所示。

图 5.411 参数
设置 　　　　　　图 5.412 "VR 阳光"的位置

④在菜单栏中执行【Rendering】(渲染)/【Environment】(环境)命令,在打开的【Environment and Effects】(环境和效果)对话框中设置背景颜色为白色,如图 5.413 所示。

⑤在工具栏中单击 【Material Editor】(材质编辑器)按钮,打开材质编辑器,将【Environment Map】(环境贴图)后的贴图类型拖动实例复制到一个新的材质示例球上。系统弹出【Instance(Copy)Map】(实例副本贴图)对话框,选择默认设置,然后单击【OK】按钮关闭对话框。

⑥在【VRaySky Parameters】(VR 阳光参数)卷展栏中勾选【manual sun node】(手动阳光

节点）复选框，单击【sun node】（阳光节点）后的【None】按钮，在视图中单击拾取"VR 阳光01"，然后设置其参数，如图 5.414 所示。

⑦渲染摄影机视图，制作"VR 阳光"后的效果如图 5.415 所示。

图 5.413　设置背景颜色

图 5.414　参数设置

图 5.415　设置"VR 阳光"
后的效果

⑧在灯光创建命令面板中单击 ／【Omni】（泛光灯）按钮，在顶视图中创建两盏泛光灯，命名为"漫反射光"，并在修改器面板中【Intensity、Color、Attenuation】（强度/颜色/衰减）卷展栏下设置其各项参数，如图 5.416 所示。

⑨在视图中调整"漫反射光"的位置，如图 5.417 所示。

⑩创建"漫反射光"后的效果如图 5.418 所示。

图 5.416　参数设置

图 5.417　"漫反射光"的位置

图 5.418　创建"漫反射光"
后的效果

子任务 5　渲染输出

1）预览渲染设置

①单击工具栏中的 按钮，打开【Render Scene】（渲染场景）对话框，在【Common】（公用）选项卡中设置渲染尺寸的【Width】（宽度）为 320 mm、【Height】（高度）为 240 mm。

②在【Render Scene】（渲染场景）对话框【Render】（渲染器）选项卡的【V-Ray：：Global switches】（V-Ray：：全局开关）卷展栏下，取消选择【Default lights】（默认灯光）复选框，如图 5.419 所示。

图 5.419　参数设置

图 5.420　参数设置

③在【V-Ray∷Indirect illumination(GI)】[V-Ray∷间接照明(GI)]卷展栏下,选择【On】(开)复选框,设置【Primary bounces】(二次反弹)下的【Multiplier】(倍增器)为0.9,如图5.420所示。

④在【V-Ray∷Irradiance map】(V-Ray∷发光贴图)卷展栏下,将【Current preset】(当前预置)设置为【Very low】(非常低),如图5.421所示。

⑤在【V-Ray∷Environment】(V-Ray∷环境)卷展栏下,选择【GI Environment(skylight) override】[全局光环境(天光)覆盖]为开,设置颜色为白色,设置【Multiplier】(倍增器)为0.7,如图5.422所示。

图5.421　参数设置　　　　　　　　　　　　　图5.422　参数设置

⑥在对话框【Render Elements】(渲染环境)选项卡中单击【Add】(添加)按钮,在弹出的对话框中选择【VRayMtlID】(VR材质ID)选项,然后单击【OK】按钮,将这个元素添加到列表中,如图5.423所示。

⑦单击【Render】(渲染)按钮,渲染完成后出现两个渲染效果图,如图5.424所示。

图5.423　添加渲染元素　　　　　　　　　　　图5.424　渲染效果

2) 渲染光子图

①在【Render Scene】(渲染场景)对话框【Renderer】(渲染器)选项卡的【V-Ray∷Irradiance map】(V-Ray∷发光贴图)卷展栏下,将【Current preset】(当前预置)设置为【Medium】(中),如图5.425所示。

②仍然在【V-Ray∷Irradiance map】(V-Ray∷发光贴图)卷展栏下,勾选【On render end】(渲染后)下面的三个选项,自动保存光子图,并且在下一次渲染时自动使用光子图,如图5.426所示。

图5.425　参数设置　　　　　　　　　　　　　图5.426　参数设置

③然后单击【Auto save】(自动保存)后面的【Browse】(浏览)按钮,弹出【Auto save irradiance map】(保存发光贴图)对话框,设置光子图的名称和保存路径,如图5.427所示。

④单击【保存】按钮后返回【RenderScene】（渲染场景）对话框,单击【Render】（渲染）按钮,渲染开始,渲染效果如图5.428所示。

图5.427　保存文件

图5.428　渲染效果

3）最终输出

①单击工具栏中的 按钮,打开【RenderScene】（渲染场景）对话框,在【Common】（公用）选项卡中设置渲染尺寸的【Width】（宽度）为3 000 mm、【Height】（高度）为2 250 mm,如图5.429所示。

②单击【Render】（渲染）按钮,渲染结束后得到效果图和元素图两个图像文件。效果图如图5.430所示,命名为"古典园林效果.max"。

说明:为了提高渲染速度,本任务采用了渲染小图得到光子图,然后再渲染大图的方式,同时为了后期处理的操作方便,还输出了玻璃和水面的单色图。

最后,为了方便Photoshop后期制作,在效果图对话框中单击 按钮,在弹出的【BrowseImages for Output】（浏览图像供输出）对话框中将文件保存为"古典园林效果.tif",并存储Alpha通道。使用同样的方法,保存元素图,命名为"古典园林效果彩图",以备后期处理时使用。

经过Photoshop后期制作后效果如图5.431所示。

图5.429　参数设置

图5.430　古典园林效果

图5.431　古典园林最终效果

任务5　休闲广场景观设计的操作技能

子任务1　创建场景模型

1）导入CAD图形并创建亭子模型

①打开3ds Max软件,设置单位为毫米,分别导入"本书素材/项目五/任务18——休闲广场景观设计/CAD/亭子立面.dwg"和"亭子平面.dwg"文件,将立面及平面位置归零,并选择【Group】（组）/【Group】（成组）命令,分别将立面和平面图形成组,然后配合 命令,将

"亭子立面"和"亭子平面"放置在准确的位置,如图 5.432 所示。

②为了不对 CAD 图形进行有误操作,将"亭子立面"和"亭子平面"冻结,然后按照"亭子平面"CAD 图纸,在顶视图中创建样条线,如图 5.433 所示。

图 5.432　亭子立面及平面导入后的效果

图 5.433　创建平台样条线

③添加【Extrude】(挤出)修改器,设置挤出【Amount】(数量)为 100,并放置在准确的位置,如图 5.434 所示。

④将模型转换为可编辑多边形,进入 ■【Polygon】(多边形)次物体级,选择平台模型的底部多边形,单击右键,在右键菜单中单击【Inset】(插入)命令前面的 ■ 图标,设置参数为 60,如图 5.435 所示。

图 5.434　创建平台模型

⑤选择插入后的多边形,右键单击,在弹出的菜单栏中,单击【Extrude】(挤出)命令前面的 ■ 图标,设置【Extrusion Height】(挤出高度)参数为 500,如图 5.436 所示。

图 5.435　转换模型并设置插入量

图 5.436　添加挤出命令并设置挤出量

⑥平台模型挤出后的效果如图 5.437 所示。

⑦使用【Rectangle】(矩形)命令,在顶视图绘制一个台阶的轮廓,并挤出 150,如图 5.438 所示。

图 5.437　平台挤出效果

图 5.438　制作一节台阶

⑧在左视图中,配合2.5维捕捉,以【Instance】(实例)的方式复制出2个新的台阶,如图5.439所示。

⑨在顶视图中,使用【Line】(线)命令,绘制出台阶斜坡的轮廓,挤出600,如图5.440所示。

图5.439　复制新台阶　　　　　　　　　　图5.440　创建台阶斜坡

说明:需要注意台阶斜坡CAD轮廓中有一横线,在使用【Line】(线)命令绘制斜坡轮廓时,需要在此处点击一下,为之后的斜坡模型做铺垫。

⑩将台阶斜坡模型转换为【Editable Poly】(可编辑多边形),激活【Vertex】(顶点)层级,选择两个端点,单击右键,在弹出的菜单栏中,点击【Connect】(连接)命令,如图5.441所示。

⑪选择右侧的两个端点,在✛按钮上单击右键,在弹出的对话框中,设置相对值Z轴数值为-420,台阶斜坡模型就制作好了,如图5.442所示。

⑫在顶视图中,按照CAD平面图的位置,将台阶斜坡模型以【Instance】(实例)的方式进行复制,如图5.443所示。

图5.441　连接端点　　　　图5.442　制作台阶斜坡模型　　　　图5.443　实例复制台阶
　　　　　　　　　　　　　　　　　　　　　　　　　　　　　　　　斜坡模型

⑬将台阶及斜坡模型进行成组,命名为"台阶",单击✛按钮,锁定Y轴、以【Instance】(实例)的方式镜像出另一个台阶组,并放置在准确的位置,如图5.444所示。

图5.444　镜像台阶模型

⑭在前视图中,按照立面的CAD图形使用【Line】(线)命令绘制出柱子的轮廓,如图5.445所示

⑮在修改面板中添加【Lathe】(车削)命令,单击【Max】(最大)命令,勾选【Flip Normals】(翻转法线),结果如图 5.446 所示。

图 5.445　绘制柱子轮廓　　　图 5.446　添加车削命令

⑯将柱子模型转换为【Editable Poly】(可编辑多边形),使用【Vertex】(点)层级对柱子高度进行调节,如图 5.447 所示。

图 5.447　调节柱子高度

⑰在顶视图中,使用【Instance】(实例)的方式将柱子复制 5 个,放置在准确的位置,并成组命名为"柱子",如图 5.448 所示。

图 5.448　实例复制柱子

⑱将制作好的组"柱子"隐藏,使用【Line】(线)命令,在顶视图中按照平面图绘制出座凳的两个模型,挤出 60,如图 5.449 所示。

⑲切换到前视图,使用【Line】(线)命令按照立面图绘制出靠背轮廓,并挤出 60,使用【Instance】(实例)复制的方式,复制靠背模型并放置在准确的位置,同时选择所有靠背和座凳的两个模型,成组,命名为"美人靠",如图 5.450 所示。

图 5.449　制作座凳模型

⑳使用【Line】(线)命令在前视图中绘制出花窗轮廓,挤出 20,用同样的方法制作花窗外边框,挤出 60,制作完一组花窗后,将其成组,命名为"花窗",如图 5.451 所示。

㉑使用【Instance】(实例)的方式将"花窗"复制 5 组,并放置在准确的位置,如图5.452 所示。

㉒使用【Line】(线)命令在顶视图中绘制出花窗上面装饰模型的轮廓,挤出 100,以【Instance】(实例)的方式复制 5 个,放置在准确的位置,如图 5.453 所示。

图 5.450　美人靠模型

图 5.451　制作花窗

图 5.452　复制花窗

图 5.453　装饰模型的位置

㉓使用同样的方法，制作出其他装饰部件模型，如图 5.454 所示。

图 5.454　其他装饰模型

㉔使用【Line】（线）命令在前视图中绘制出亭子顶部模型轮廓，如图 5.455 所示。

㉕添加【Lathe】（车削）命令，单击【Min】（最小）按钮，结果如图 5.456 所示。

图 5.455　顶部模型轮廓

图 5.456　顶部模型

㉖使用【Line】（线）命令在前视图中绘制出飞檐的外轮廓，如图 5.457 所示，挤出 100，如图 5.458 所示，使用 🔄 旋转命令，【Instance】（实例）复制 5 个飞檐，放置在准确的位置，如图 5.459 所示。

图5.457　飞檐外轮廓

图5.458　挤出飞檐模型

㉗单击【Arc】(弧)命令,在前视图中绘制一条弧线,如图5.460所示。

图5.459　旋转复制模型

图5.460　绘制弧

㉘添加【Editable Spline】(可编辑样条线)命令,选择【Spline】(样条线)次级,轮廓100,如图5.461所示。

㉙挤出3 500,分段为20,生成瓦面模型,如图5.462所示。

图5.461　设置轮廓为100

图5.462　瓦面模型

㉚在修改面板中添加【FFD3×3×3】命令,选择【Control Points】(控制点),反复使用■缩放、✛移动命令调节控制点,并放置在合适的位置,结果如图5.463所示。

㉛将该模型向下再复制一个,作为支撑模型,将两个模型进行成组后,使用↻旋转命令,【Instance】(实例)复制5组,如图5.464所示。

图5.463　调节控制点效果

图5.464　旋转复制效果

㉜至此亭子模型制作完毕,将其成组,命名为"亭子",在修改面板中单击▣(显示)按钮,

勾选【Shapes】(二维线)将 CAD 图形隐藏,如图 5.465 所示。命名为"亭子. max",存盘。

2)创建休闲广场模型

①重新打开 3ds Max 软件,新建一个文件。设置单位为 mm,单击菜单【File】(文件)/【Import】(导入)命令,导入"本书素材/项目五/任务 18——休闲广场景观设计/CAD/休闲广场. dwg"文件,对其进行成组,命名为"地形",位置归零,如图 5.466 所示。

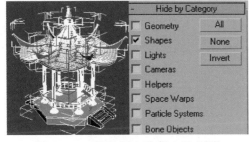
图 5.465　亭子成组、隐藏 CAD 图形

图 5.466　导入地形 CAD 图形

②使用【Line】(线)命令根据 CAD 图形绘制出花池的外轮廓,挤出 500,如图 5.467 所示。

③将模型转换为【Editable Spline】(可编辑多边形),激活 【Vertex】(顶点)级别,选择花池顶面的四个点,单击 按钮,向外进行缩放,如图 5.468 所示。

图 5.467　挤出花池　　　　　　　　　图 5.468　缩放顶点

④激活 【Polygon】(多边形)级别,选择顶面,单击右键,在弹出的对话框中单击【Outline】(轮廓)前面的 按钮,在弹出的对话框中,设置参数为 100,如图 5.469 所示。

⑤继续选择顶面,单击右键,在弹出的对话框中点击【Extrude】(挤出)前面的 按钮,设置参数为 150 mm,如图 5.470 所示。

图 5.469　设置轮廓数量

图 5.470　挤出多边形

⑥继续选择顶面,单击右键,在弹出的对话框中点击【Inset】(插入)前面的 按钮,设置参数为 400,如图 5.471 所示。

⑦选择插入后的多边形,在弹出的对话框中单击【Extrude】(挤出)前面的 按钮,设置参数为 -300,如图 5.472 所示。

图 5.471　插入多边形

图 5.472　挤出多边形

⑧使用同样的方法制作出其他几个花池,如图 5.473 所示。

⑨在顶视图中,使用【Circle】(圆)命令,以【Edge】(边)为创建方式,按照 CAD 图纸中的圆形进行绘制,挤出 4 000,生成圆柱,如图 5.474 所示。

图 5.473　制作场景花池

图 5.474　挤出圆柱

⑩将圆柱转换为【Editable Spline】(可编辑多边形),激活 【Vertex】(顶点)级别,移动顶部的点,如图 5.475 所示。

⑪将制作的圆柱进行复制,并放置在如图 5.476 的位置。

图 5.475　移动点

图 5.476　复制圆柱

⑫选择新复制的圆柱,激活 【Edge】(边)层级,选择底部的边,单击【Create Shape】(创建图形)按钮,如图 5.477 所示。

⑬选择创建出的图形,在【Rendering】(渲染)卷展栏中勾选【Enable In Renderer】(在渲染中启用)、【Enable In Viewport】(在视口中启用)选项,设置【Length】(长度)为 100 mm、【Width】(厚度)为 100 mm,如图 5.478 所示。

图 5.477　创建图形

图 5.478　创建图形效果

⑭将创建出的图形进行复制,放置在如图 5.479 所示的位置。

⑮选择这四个模型,进行成组,命名为"灯柱",如图 5.480 所示。

⑯按照 CAD 地形中灯柱的位置进行复制,并调整位置及方向,如图 5.481 所示。

⑰切换到顶视图,使用【Line】(线)命令,绘制场景中的地形模型,如图 5.482 所示。

图 5.479　复制图形的位置　　　　　　　图 5.480　成组灯柱

图 5.481　复制灯柱效果　　　　　　　图 5.482　场景地形模型

3）合并亭子模型

①选择【File】（文件）/【Merge】（合并）命令，选择之前制作好的"亭子.max"文件，并将其放置在合适的位置，为了配合场景，将亭子模型的底部稍作修改，如图 5.483 所示。

②以【Instance】（实例）的方式复制一个亭子，放置在合适的位置，如图 5.484 所示。

图 5.483　亭子模型的位置　　　　　　　图 5.484　复制亭子模型

4）创建护栏模型

①在顶视图中绘制一个 400 mm × 400 mm 的矩形，为了编辑方便，使其进入孤立模式，挤出 800，如图 5.485 所示。

②将模型转换为【Editable Spline】（可编辑多边形），对模型进行调节，如图 5.486 所示。

图 5.485　制作长方体　　　　　　　图 5.486　调节模型

③使用【Line】（线）命令，挤出后创建模型，放置在合适的位置，如图 5.487 所示。

④将模型进行复制,放置在合适的位置,如图 5.488 所示。使用同样的方法制作出下部模型,并放置在合适的位置,如图 5.489 所示。

图 5.487　创建模型　　　　　　　　　　图 5.488　复制模型

⑤选择其中一个模型,转换为【Editable Spline】(可编辑多边形),单击右键,在弹出的对话框中单击【Attach】(附加)命令,依次将其他 7 个模型进行附加,如图 5.490 所示。

图 5.489　制作下部模型　　　　　　　　图 5.490　附加模型

⑥选择长方体,单击 ⬚/⬤/【Compound Objects】(合成物体)/【Boolean】(布尔)命令,单击【Pick Operand B】(拾取 B 物体),在视图中点击刚刚附加在一起的物体,结果如图 5.491 所示。

⑦使用同样的方法制作出其他部件,并进行成组,命名为"护栏",如图 5.492 所示。

图 5.491　布尔运算后的效果　　　　　　图 5.492　制作一组护栏

⑧将护栏进行复制,放置在合适的位置,如图 5.493 所示。至此,模型制作完毕。

图 5.493　复制护栏

子任务2 编辑材质

1) 编辑瓦片材质

①找到亭子模型,先使其进入孤立模式,然后选择【Group】(组)/【Open】(打开)命令。按下 M 键,打开材质编辑器,选择一个空白材质球,将其赋予给瓦面物体,并将该材质球更名为"瓦片"。

②选择"瓦片"材质球,在【Diffuse】(漫反射颜色)通道中添加一张木纹位图,设置【Specular Level】(高光级别)和【Glossiness】(光泽度)参数分别为 14、12,单击 ▓ 按钮,显示纹理,以【Instance】(实例)的方式复制贴图至【Bump】(凹凸)通道中,设置凹凸【Amount】(数量)为 50,添加【UVW Map】(UVW 贴图),设置贴图类型为长方体,参数设置为 800 mm × 800 mm × 800 mm,如图 5.494 所示。

> 说明:本任务的贴图均在"本书素材/项目五/任务 18——休闲广场景观设计"文件夹中,以后不再提示。

③使用同样的方法,将瓦片材质赋予给模型,如图 5.495 所示,瓦片材质赋予完毕后,将瓦片材质所赋予的模型隐藏,方便以后的操作。

图 5.494 制作瓦片材质

图 5.495 瓦片材质

2) 编辑飞檐材质

①选择一个空白的材质球,将其赋予给飞檐模型,并将该材质球更名为"飞檐"。

②选择"飞檐"材质球,设置其【Diffuse】(漫反射)颜色,设置【Specular Level】(高光级别)和【Glossiness】(光泽度)参数分别为 10 和 9,在【Bump】(凹凸)通道中添加一张位图,并将数量设置为 300,如图 5.496 所示。

3) 编辑底座材质

①选择底座模型,进入【Polygon】(多边形)层级,选择不同的多边形设置 1 号 ID 编号、2 号 ID 编号,如图 5.497 所示。

②选择一个空白的材质球,设置为多维子材质,数量为 2,在 1 号子材质中,【Diffuse】(漫反射颜色)通道中添加一张位图,设置【Specular Level】(高光级别)和【Glossiness】(光泽度)参数分别为 15 和 14,以【Instance】(实例)的方式复制到【Bump】(凹凸)材质通道,数量设置为 40,添加【UVW Map】(UVW 贴图),设置参数为 500 mm × 500 mm × 500 mm,如图 5.498

所示。

图 5.496　制作飞檐材质

图 5.497　选择多边形设置 1 号、2 号 ID 编号

图 5.498　设置 1 号 ID 子材质

③设置 2 号子材质,在【Diffuse】(漫反射颜色)通道中添加一张位图,设置【Specular Level】(高光级别)和【Glossiness】(光泽度)参数分别为 14 和 12,以【Instance】(实例)的方式复制到【Bump】(凹凸)材质通道,数量设置为 30,添加【UVW Map】(UVW 贴图)命令,设置参数为 700 mm×700 mm×700 mm,如图 5.499 所示。

图 5.499　设置 2 号 ID 子材质

4) 编辑台阶材质

①选择一个空白材质球,将其赋予给台阶模型,并将该材质球更名为"台阶"。

②选择"台阶"材质球,在【Diffuse】(漫反射颜色)通道中添加一张位图,设置【Specular Level】(高光级别)和【Glossiness】(光泽度)参数分别为 15 和 25,以【Instance】(实例)的方式复制到【Bump】(凹凸)通道中,并将【Amount】(数量)设置为 40,添加【UVW Map】(UVW 帖图)命令,设置贴图方式为长方体,设置参数为 600 mm ×600 mm ×600 mm,如图5.500所示。

图 5.500　设置台阶材质

5) 编辑木纹材质

①选择一个空白材质球,将其赋予亭子模型,并将该材质球更名为"木纹"。

②选择"木纹"材质球,在漫反射颜色通道中添加一张位图,设置【Specular Levet】(高光级别)和【Glossiness】(光泽度)参数分别为 25、20,以【Instance】(实例)的方式复制到【Bump】(凹凸)通道中,并将【Amount】(数量)设置为 30,添加【UVW Map】(UVW 帖图)命令,设置贴图方式为长方体,设置参数为 600 mm ×600 mm ×600 mm 如图 5.501 所示。

③整个亭子材质赋予完毕后,将其复制到场景中的另一侧,如图 5.502 所示。

6) 编辑花池材质

①在修改面板中激活【Polygon】(多边形)层级,选择不同的多边形,分别设置 ID 编号为

图 5.501　设置木纹材质

1、2、3，如图 5.503 所示。

图 5.502　复制亭子

图 5.503　选择多边形并设置
1、2、3 号 ID 编号

②选择一个空白材质球，将其转变为多维子材质，设置数量为 3，分别设置 1、2、3 号 ID 材质球，参数如图 5.504 所示，并添加【UVW Map】（UVW 帖图）命令，贴图方式为长方体，参数设置为 700 mm×700 mm×700 mm。

图 5.504　设置 1、2、3 号 ID 材质球

③使用同样的方法，将场景中其他花池都赋予花池材质，如图 5.505 所示。

7）编辑灯柱材质

①选择灯柱下半部分,在修改面板中激活多边形层级,单击【Attach】(附加)命令前的 ▣ 按钮,在弹出的对话框中单击【All】(全部),然后单击附加按钮,如图 5.506 所示。

图 5.505　花池材质

图 5.506　附加模型

②选择多边形,分别设置 ID 编号为 1、2 的多边形,如图 5.507 所示。

图 5.507　设置 1、2 号 ID 编号

③选择一个空白的材质球,将其转变为多维子材质,数量设置为 2,分别设置 1 号、2 号子材质,参数如图 5.508 所示。

8）铺地材质

使用同样的方法,将铺地材质分别赋予给模形,如图 5.509 所示。

图 5.508　设置 1 号、2 号 ID 材质

图 5.509　制作铺地材质

图 5.510　创建摄影机

子任务 3　创建摄影机

①在顶视图中创建一个目标摄影机,如图 5.510 所示。

②按【C】键,将透视图转换为摄影机视图,在前视图中调整摄影机和目标点的高度,设置镜头参数,调整摄影机和目标点的位置,如图 5.511 所示。

③显示出安全框,渲染摄影机视图如图 5.512 所示。

图 5.511　调整摄影机

图 5.512　渲染摄影机视图效果

子任务 4　渲染测试和灯光设置

1)渲染测试

①按下【F10】快捷键,打开【Render Scene】(渲染场景)对话框,选择【Render】(渲染器)选项卡,进行渲染测试设置。

②打开【V-Ray∷Global switches】(全局开关)卷展栏,取消【Default Lights】(默认灯光)、【Hidden Lights】(隐藏灯光)的勾选,勾选【Max depth】(最大深度)为 1,如图 5.513 所示。

③打开【V-Ray∷Image sampler(Antialiasing)】(图形采样)卷展栏,设置【Image sampler】(图像采样器)的【Type】(类型)为【Fixed】(固定),勾去【On】(开)选项,如图 5.514 所示。

图 5.513　设置全局开关参数

图 5.514　设置图像采样(反锯齿)参数

④打开【V-Ray∷Indirect illumination(GI)】(间接照明 GI)卷展栏,勾选【On】(开)前面的复选框,设置【Secondary bounces】(二次反弹)的【Multiplier】(倍增值)为 0.9、【GI engine】

（全局光引擎）为【Light cache】（灯光缓存），如图 5.515 所示。

⑤打开【V-Ray∷Irradiance map】（发光贴图）卷展栏，设置【Current preset】（当前预置）为【Very Low】（非常低）、【HSph. subdivs】（半球细分）为 20、【Interp. samples】（插补采样）为 20，勾选【Show calc. phase】（显示计算状态）、【Show direct light】（显示直接光），如图 5.516 所示。

图 5.515　设置间接照明（GI）参数　　　　图 5.516　设置发光贴图参数

⑥打开【V-Ray∶Light cache】（灯光缓存）卷展栏，设置【Subdivs】（细分）为 100，如图 5.517 所示。

⑦切换到顶视图，进入创建面板，在几何体面板中单击【Sphere】（球体）按钮，在顶视图中创建一个【Radius】（半径）为 8 800 mm 的球体，将球体转换为可编辑多边形，在前视图中删除球体的下半部分，使用缩放及移动工具调整球体形状，如图5.518所示。

图 5.517　设置灯光缓存参数　　　　　图 5.518　　制作球天模型

⑧打开材质编辑器，赋予球天一个空白的材质球，在【Diffuse Color】（漫反射颜色）通道中添加一张天空环境的位图，并设置【Self-lllumination】（自发光）中的【Color】（颜色）为 100，在修改面板中添加【Normal】（法线）和【UVW Map】（UVW 帖图）命令，设置贴图类型为柱形，如图 5.519 所示。

⑨选择球天模型，单击右键，在右键菜单中选择【Object Properties】（对象属性）命令，在弹出的对话框中，勾去【Visble to Camera】（对摄像机可见）、【Receive Shadows】（接收阴影）、【Cast Shadows】（投射阴影）。

⑩渲染摄影机视图，如图 5.520 所示。

图 5.519　制作球天材质　　　　　　图 5.520　渲染摄像机视图效果

2）灯光设置

①在灯光创建面板中单击【Target Directional Light】（目标点平行光）按钮，在顶视图中创建一盏目标平行光作为场景的主光源，并调整灯光的位置。设置灯光参数依次为：勾选【On】（启用）阴影选项，选择【VRayShadow】（VRay 阴影）；设置灯光颜色为暖色系；灯光

【Multiplier】（倍增值）为 0.9；设置【Hotspot/Beam】（聚光区/光束）为 123 747.0,【Falloff/Field】（衰减区/区域）为206 096.0,如图 5.521 所示。

②渲染摄影机视图,渲染结果如图 5.522 所示。

图 5.521　主光源位置及灯光参数　　　　　　　图 5.522　渲染摄影机
视图效果

子任务 5　渲染输出

①设置渲染光子参数:打开【V-Ray:Global switches】（全局开关）卷展栏,勾选【Don't render final image】（不渲染最终的图像）选项,勾去【Max depth】（最大深度）选项,如图 5.523 所示。

②打开【V-Ray::Image sampler(Antialiasing)】（图像采样）卷展栏,设置【Image sampler】（图像采样器）的【Type】（类型）为【Fixed】（固定）,关闭【Antialiasing filter】（抗锯齿过滤器）,如图 5.524 所示。

图 5.523　设置全局开关参数　　　　　　图 5.524　设置图像采集（反锯齿）参数

③打开【V-Ray::Irradiance map】（发光贴图）卷展栏,设置参数,并勾选【Auto save】（自动保存）选项,单击【Browse】（浏览）按钮,设置保存光子路径,勾选【Switch to saved map】（切换到保存的贴图）选项,如图 5.525 所示。

图 5.525　设置发光贴图参数

④打开【V-Ray::rQMC Sampler】（rQMC 采样器）卷展栏,设置参数,如图 5.526 所示。

⑤打开【V-Ray::Light cache】（灯光缓存）卷展栏,设置【Subdivs】（细分）为 1 000,并勾

选【Auto save】(自动保存)选项,单击【Browse】(浏览)按钮,设置保存光子路径,勾选【Switch to saved cache】(切换到保存的缓存文件)选项,如图 5.527 所示。

⑥打开【Common】(公用)选项卡,使用系统默认的【Output Size】(输出大小)为 640×480。

⑦渲染摄影机视图,渲染效果如图 5.528 所示。

图 5.526　设置 rQMC 采样器
采样器参数　　　　　　图 5.527　设置灯光缓存参数　　图 5.528　渲染摄影机视图效果

⑧光子文件渲染完毕后,在【V-Ray::Global switches】(全局开关)卷展栏中勾去【Don't render final image】(不渲染最终的图像)选项。打开【V-Ray::Image sampler (Antialiasing)】(图像采样)卷展栏,设置参数,如图 5.529 所示。

⑨由于在渲染光子图时勾选了【Switch to saved map】(切换到保存的贴图)、【Switch to saved cache】(切换到保存的缓存文件)选项,系统会在渲染光子结束后,自动调用光子图,如图 5.530 所示。

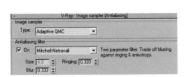

图 5.529　设置图像采样　　　　　　图 5.530　系统自动调用光子
　　　　(反锯齿)参数

⑩进入【Common】(公用)选项卡,单击【Files】(文件)按钮,设置保存路径,命名文件,设置保存类型为 TGA 格式,单击按钮,在弹出的对话框去勾去【Compress】(压缩),单击【OK】按钮。

⑪设置【Output Size】(输出大小)参数为 2 500×1 875,如图 5.531 所示。

⑫渲染摄影机视图,效果如图 5.532 所示。命名为"休闲广场景观.max",存盘。

⑬经过 Photoshop 后期制作后最终效果如图 5.533 所示。

图 5.531　设置输出大小参数　　图 5.532　摄影机视图　　　图 5.533　最终效果
　　　　　　　　　　　　　　渲染效果

任务6　湿地公园景观设计的操作技能

子任务1　创建场景模型

1)创建台阶模型

①打开 3ds Max 软件,设置单位为 mm。激活顶视图,单击菜单【File】(文件)/【Import】(导入)命令,分别导入"本书素材/项目五/任务 16——湿地公园景观设计/CAD/湿地公园.dwg"和"地形.dwg"文件,并分别成组,命名为"湿地公园"和"地形",如图 5.534 所示。

图 5.534　导入 CAD 并进行成组

②选择"地形",单击 ✛ 命令,将其移入到"湿地公园"中,然后将其冻结,如图 5.535 所示。

③使用【Line】(线)命令,在顶视图中根据 CAD 图形绘制水面区域,如图 5.536 所示。

④激活 【Segment】(线段)次级,单击修改面板中的【Divide】(细分)按钮 3 次,增加线段中的点,然后选择所有的点,单击右键,在弹出的菜单栏中将所有点转换为角点,如图 5.537所示。

图 5.535　移动图形　　　　图 5.536　水面区域　　　　图 5.537　细分线段

⑤选择绘制好的样条线,单击右键,在弹出的对话框中将样条线转换为【Editable Poly】(可编辑多边形),如图 5.538 所示。

⑥使用【Line】(线)命令,绘制出河岸的外轮廓,挤出 1 000,如图 5.539 所示。

⑦激活 【Segment】(线段)次级,选择河岸样条线中的三条线段,勾选修改面板中的【Copy】(复制)选项,单击【Detach】(分离)按钮,将这三条线复制并分离出来,如图 5.540所示。

图 5.538　编辑多边形　　　　图 5.539　制作河岸　　　　图 5.540　分离、复制线段

⑧选中分离复制出来的样条线,激活 【Spline】(样条线)层级,轮廓 – 300,如图 5.541 所示。

⑨对轮廓后的样条线挤出 200,生成台阶,如图 5.542 所示。

⑩使用同样的方法制作其他台阶,如图 5.543 所示。

图 5.541　轮廓处理　　　　图 5.542　挤出台阶　　　　图 5.543　制作其他台阶

⑪使用【Line】(线)命令,绘制出平台轮廓,挤出 2 200,如图 5.544 所示。

⑫使用【Line】(线)和【Extrude】(挤出)命令,制作出另一处台阶模型,如图 5.545 所示。

图 5.544　挤出平台模型　　　　　　图 5.545　另一处台阶模型

⑬使用【Line】(线)和【Extrude】(挤出)命令,制作出右侧平台模型,如图 5.546 所示。

2)制作缓坡区域模型

①缓坡区域,即红线标示出的范围,如图 5.547 所示。使用【Plane】(平面)命令,在顶视图中创建一个平面,尺寸超过缓坡区域即可,长度分段和宽度分段数均设置为 60,如图5.548 所示。

　　说明:平面模型尺寸只要超过需要制作的缓坡区域即可,分段数越多越好(但也不能过多,够用即可),这是为了以后利用笔刷制作地形时所准备的。

②将平面转换成【Editable Poly】(可编辑多边形),在修改面板中,单击【Paint Deformation】(POLY 的笔刷工具),再点击 Z 轴,在平面上进行地形绘制,其中【Push/Pull】(推力)、【Brush Size】(笔刷尺寸)没有固定值,随着刷出的地形及时进行调节,如图5.549 所示。

图 5.546　右侧平台模型

图 5.547　红线缓坡区域

图 5.548　平面模型

图 5.549　利用笔刷刷出缓坡地形

> 说明:为了笔刷在刷地形时不超过范围,可以使用样条线单独勾勒出区域范围,然后进入孤立模式,在刷地形时需要及时调整笔刷的力度及大小,这样才可以根据区域范围刷出合适的地形。

③观察发现:刷出的地形,表面看起来有些地方过于尖锐,显得比较粗糙。点击【Relax】(松弛)工具,在已绘制好的地形中进行松弛,如图 5.550 所示。

④根据之前红线的范围以及平面的大小,制作掏空红线范围的辅助模型,使其穿过平面模型,如图 5.551 所示。

图 5.550　松弛地形工具

图 5.551　制作辅助模型

⑤选择红色平面模型,查找创建几何体卷展栏下的复合对象,点击【Boolean】(布尔)命令,选择 A-B 模式,点击【Pick Operand B】(拾取 B 物体),点击绿色辅助物体,结果如图5.552所示。

⑥退出孤立模式,将地形的世界绝对坐标轴中的 Z 轴高度改为 2 200,使之与平台模型高度一致,如图 5.553 所示。

图 5.552　布尔运算后的结果

图 5.553　修改地形高度

⑦将地形模型转换为可编辑多边形,激活【Border】(边界)层级,选择地形边界,按住

【Shift】,配合移动工具,向下拖拽鼠标,制作出地形的厚度,如图 5.554 所示。

⑧使用同样的方法,制作出场景中另两块缓坡地形模型,如图 5.555 所示。

图 5.554　使用边界制作出厚度　　　　　　　图 5.555　另两块缓坡地形模型

3)制作地形模型

①使组"地形"进入孤立模式,进入样条线层级,在前视图中将每根等高线以 1 000 mm 的差距进行高度上的调整,如图 5.556 所示。

②将组"地形"进行解组,使用样条线层级,选出每组等高线,进行分离,并进入 【Hierarchy】(层次)面板,先点击【Affect Pivort Only】(仅影响轴),再点击【Center to Pivot】(对齐到物体中心),最后再点击【Affect Pivort Only】(仅影响轴心点),将坐标轴对齐到每个物体中心,如图 5.557 所示。

图 5.556　调整等高线高度　　　　　　　图 5.557　分离等高线

③选择其中一组等高线,在创建几何体卷展栏中找到复合对象,点击【Terrain】(地形)命令,生成等高地形,如图 5.558 所示。

④按下【F4】键,发现使用地形命令生成的等高地形表面很粗糙,这是因为其表面的网格是三角形,如图 5.559 所示。

⑤对地形进行修改,首选创建一个平面模型放置在地形的上方,平面的参数跟之前的一样,尺寸大于地形,分段数尽可能大一些,将该平面模型转换为可编辑多边形,如图 5.560 所示。

图 5.558　生成地形模型　　　　　　　图 5.559　观察三角
　　　　　　　　　　　　　　　　　　　　　　　网格的地形

图 5.560　制作平面模型

⑥选择平面模型,在复合对象卷展栏中,点击【Conform】(包裹)命令,在修改面板中,选择【Move】(移动)、【Along Vertex Normals】(沿顶点法线)、【Hide Wrap-To Object】(隐藏包裹物体),点击【Pick Wrap-To Object】(拾取包裹物体),在视图中点击下方的地形模型,结果如图 5.561 所示。

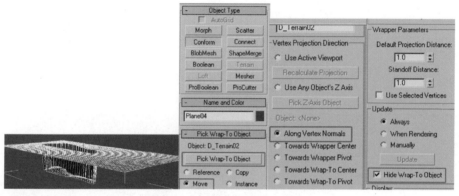

图 5.561　添加包裹命令

⑦将该物体转换为【Editable Poly】(可编辑多边形),激活【Vertex】(顶点)层级,在前视图中选择上方的点,如图 5.562 所示。

⑧将选择的点在前视图中沿 Z 轴放置在如图 5.563 的位置上。

图 5.562　选择点　　　　　　　　　图 5.563　移动点到准确位置

⑨近距离观察地形,发现其网格已从之前的三角形,变为四边形,其表面也变得自然,如图 5.564 所示。

⑩使用之前的方法,将地形以外的辅助模型制作出来,如图 5.565 所示。

图 5.564　观察网格分布　　　　　　图 5.565　制作辅助模型

⑪同样使用布尔运算,将合适的地形保留下来,如图 5.566 所示。

⑫将该地形的世界相对坐标轴中的 Z 轴设置为 2 200,让其与平台衔接,如图 5.567 所示。

⑬将地形模型转换为【Editable Poly】(可编辑多边形),激活【Border】(边界)层级,选择地形边界,按住【Shift】键,配合移动命令向下复制出地形厚度,如图 5.568 所示。

图 5.566　布尔运算后的效果　　　　图 5.567　调整地形高度　　　　图 5.568　制作地形厚度

⑭使用同样的方法制作出场景中其他地形,如图 5.569 所示。

⑮切换到顶视图,按照 CAD 图形绘制平台中花坛的样条线,如图 5.570 所示。

⑯挤出 150,在修改面板中勾去【Cap Start】(封顶)、【Cap End】(封底),得到一个面片,如图 5.571 所示。

图 5.569　场景中其　　　　图 5.570　花坛的样条线　　　　图 5.571　添加挤出命令

　　　　他地形模型

⑰接着添加【Shell】(壳)命令,在修改面板中设置【Inner Amount】(内部数量)和【Outer Amount】(外部数量)均为 75,如图 5.572 所示。

⑱将之前绘制的花坛样条线分离复制出来,如图 5.573 所示。

图 5.572　添加壳命令　　　　　　　　图 5.573　分离复制样条线

⑲将分离复制出来的样条线挤出 0.5,如图 5.574 所示。

⑳使用同样的方法将其他几块花坛制作出来,如图 5.575 所示。

4)制作树池模型

①单击【Circle】(圆)命令,在顶视图中使用【Edge】(边)创建方式,按照 CAD 图形绘制树池外轮廓,如图 5.576 所示。

图 5.574　添加挤出命令　　　　图 5.575　其他几块花坛　　　　图 5.576　树池外轮廓

②挤出600,将该模型的世界绝对坐标值Z轴设置为1 800,如图5.577所示。

③将树池模型转换为【Editable Poly】(可编辑多边形),激活■【Polygon】(多边形)级别,选择顶面,单击右键,在弹出的级联菜单中选择【Bevel】(倒角)前面的■按钮,在弹出的对话框中,设置轮廓数量为150,如图5.578所示。

图5.577　添加挤出命令　　　　　　图5.578　添加倒角命令

④再次单击右键,在弹出的级联菜单中选择【Extrude】(挤出)前面的■按钮,在弹出的对话框中,设置挤出高度为150,如图5.579所示。

⑤再次单击右键,在弹出的级联菜单中选择【Inset】(插入)前面的■按钮,在弹出的对话框中,设置插入数量为500,如图5.580所示。

图5.579　添加挤出命令　　　　　　图5.580　添加插入命令

⑥再次单击右键,在弹出的级联菜单中选择【Extrude】(挤出)前面的■按钮,在弹出的对话框中,设置挤出高度为–100,如图5.581所示。

⑦至此,一个树池就做好了,将树池模型按照CAD图形上的位置进行复制,结果如图5.582所示。

图5.581　添加挤压命令　　　　　　图5.582　复制树池模型

5)制作园桥

①在创建面板中激活◎【Heelpers】(辅助对象)面板下的【Tape】(卷尺)命令,按照CAD图形上桥的轮廓,测得桥的长宽分别是13 043 mm、3 000 mm,按照这一尺寸在顶视图中绘制一个矩形,为了方便后面的制作,使其进入孤立模式,如5.583所示。

图5.583　绘制矩形　　图5.584　绘制辅助线

②切换到左视图,使用【Line】(线)命令在矩形中央绘制一根辅助线,如图5.584所示。

③使用【Line】(线)命令继续在左视图中绘制出桥身的侧面,如图5.585所示。

④挤出3 000,如图5.586所示。

图 5.585　桥身侧面

图 5.586　添加挤出命令

⑤进入样条线【Segment】(线段)层级,选择线段,进行分离复制,如图 5.587 所示。

⑥对分离复制出来的样条线,在修改面版中单击【Outline】(轮廓)命令,并勾选【Center】(中心),设置轮廓数值为 200,如图 5.588 所示。

图 5.587　分离复制样条线

图 5.588　设置扩边

⑦挤出 100,放置在合适的位置,如图 5.589 所示。

⑧使用【Editable Poly】(可编辑多边形)命令制作出扶手的模型,并将其复制后放置在合适的位置,如图 5.590 所示。

图 5.589　添加挤出命令

图 5.590　制作扶手模型

⑨使用【Line】(线)命令在左视图中绘制扶手中间的模型,如图 5.591 所示。

⑩转换为【Editable Spline】(可编辑样条线),使用【Vetex】(顶点)层级,修改样条线,如图 5.592 所示。

⑪挤出 150,位置如图 5.593 所示。

图 5.591　绘制模型

图 5.592　修改样条线

图 5.593　添加挤出命令

⑫选择模型其中一根样条线,进行分离复制,并再次添加【Extrude】(挤出)命令,放置在合适的位置,如图 5.594 所示。

⑬将模型成组,复制该组,添加【FFD2 × 2 × 2】命令,激活【Control Points】(控制点),将复制的模型调整到合适的位置,如图 5.595 所示。

⑭使用同样的方法将模型复制并调整到其他合适的位置,如图 5.596 所示。

图5.594　对分离复制出的样条线
添加挤出命令

图5.595　添加 FFD2×2×2 命令

图5.596　复制并调
整模型

⑮将制作好的一侧模型统一复制到另一侧,放置在合适的位置,将整个模型成组,命名为"园桥",如图5.597所示。

⑯将"园桥"按照 CAD 图纸放置在合适的位置,如图5.598所示。

⑰检查模型,发现需要修改、调整的地方进行适当调整,调整结果如图5.599所示。

图5.597　将模型成组

图5.598　放置园桥模型

图5.599　修改调整模型

子任务2　材质编辑

1) 编辑平台材质

①选择平台模型,先使其进入孤立模式,按下【M】键,打开材质编辑器,选择一个空白材质球,将其赋予给平台模型,并将该材质球命名为"平台"。

②选择"平台"材质球,在其【Diffuse】(漫反射颜色)通道中添加一张铺地位图,设置【Specular Level】(高光级别)和【Glossiness】(光泽度)参数分别为18和35,单击 🔳 按钮,显示纹理,以【Instance】(实例)的方式复制贴图至【Bump】(凹凸)通道中,设置凹凸【Amount】(数量)为50,添加【UVW Map】(UVW 贴图),设置贴图类型为长方体,参数设置为1 200 mm×1 200 mm×1 200 mm,如图5.600所示。

图5.600　制作平台材质

说明:本任务的贴图均在"本书素材/项目五/任务19——湿地公园景观设计"文件夹中,以后不再提示。

2) 编辑缓坡草地材质

①选择缓坡模型,先使其进入孤立模式,选择一个空白材质球,将其赋予给缓坡模型,并将该材质球命名为"坡地"。

②选择"坡地"材质球,在其【Diffuse】(漫反射颜色)通道中添加一张草地位图,设置【Specular Level】(高光级别)和【Glossiness】(光泽度)参数分别为 15 和 12,单击 🔳 按钮,显示纹理,以【Instance】(实例)的方式复制贴图至【Bump】(凹凸)通道中,设置凹凸【Amount】(数量)为 70,添加【UVW Map】(UVW 贴图),设置贴图类型为长方体,参数设置为 1 200 mm × 1 200 mm × 1 200 mm,如图 5.601 所示。

图 5.601　制作缓坡草地材质

3) 编辑台阶材质

①选择台阶模型,先使其进入孤立模式,选择一个空白材质球,将其赋予给台阶模型,并将该材质球命名为"台阶"。

②选择"台阶"材质球,在其【Diffuse】(漫反射颜色)通道中添加一张石材位图,设置【Specular Level】(高光级别)和【Glossiness】(光泽度)参数分别为 15 和 11,单击 🔳 按钮,显示纹理,以【Instance】(实例)的方式复制贴图至【Bump】(凹凸)通道中,设置凹凸【Amount】(数量)为 50,添加【UVW Map】(UVW 贴图),设置贴图类型为长方体,参数设置为 1 000 mm × 1 000 mm × 1 000 mm,如图 5.602 所示。

图 5.602　制作台阶模型

4）编辑花坛材质

①选择场景中全部花坛模型，如图 5.603 所示，单击右键，将其转换为可编辑多边形。

②选中其中一个多边形物体，在其修改面板中点击【Attach】（附加）前面的 ▣ 按钮，在弹出的【Attach List】（附加列表）中点击【All】（全部），再点击结合，将场景中的多边形全部附加到一起。

③选择花坛草地部分设置为 1 号 ID，路边设置为 2 号 ID，并将多维子材质赋予该模型，其中 ID 编号为 1 的草地材质，在其【Diffuse】（漫反射颜色）通道中添加一张草地位图，设置【Specular Level】（高光级别）和【Glossiness】（光泽度）参数分别为 15、9，单击 ▣ 按钮，显示纹理，以【Instance】（实例）的方式复制贴图至【Bump】（凹凸）通道中，设置凹凸【Amount】（数量）为 50，添加【UVW Mapping】（UVW 贴图），设置贴图类型为长方体，参数设置为 1 000 mm × 1 000 mm × 1 000 mm，其中 ID 编号为 2 的路边材质将漫反射颜色设置为白色即可，如图 5.604 所示。

图 5.603　选择全部
花坛模型　　　　　　　　　　　图 5.604　制作花坛材质

5）编辑树池材质

①使用同样的方法，设置树池模型的 ID 编号，如图 5.605 所示。

图 5.605　树池模型 ID 编号　　　　　图 5.606　设置 1 号 ID 子材质

②使用多维子材质赋予该模型，设置 ID 编号为 1 的池壁材质，在其【Diffuse】（漫反射颜色）通道中添加一张石材位图，设置【Specular Level】（高光级别）和【Glossiness】（光泽度）参

数分别为 12 和 18,单击 按钮,显示纹理,以【Instance】(实例)的方式复制贴图至【Bump】(凹凸)通道中,设置凹凸【Amount】(数量)为 50,添加【UVW Mapping】(UVW 贴图),设置贴图类型为长方体,参数设置为 1 000 mm×1 000 mm×1 000 mm,如图 5.606 所示。

　　③设置 ID 编号为 2 的池顶材质,在其【Diffuse】(漫反射颜色)通道中添加一张石材位图,设置【Specular Level】(高光级别)和【Glossiness】(光泽度)参数分别为 19、31,单击 按钮,显示纹理,以【Instance】(实例)的方式复制贴图至【Bump】(凹凸)通道中,设置凹凸【Amount】(数量)为 30,添加【UVW Mapping】(UVW 贴图),设置贴图类型为长方体,参数设置为 1 000 mm×1 000 mm×1 000 mm,如图 5.607 所示。

图 5.607　设置 2 号 ID 子材质

　　④设置 ID 编号为 3 的草皮材质,在其【Diffuse】(漫反射颜色)通道中添加一张草地位图,设置【Specular Level】(高光级别)和【Glossiness】(光泽度)参数分别为 15 和 9,单击 按钮,显示纹理,以【Instance】(实例)的方式复制贴图至【Bump】(凹凸)通道中,设置凹凸【Amount】(数量)为 50,添加【UVW Map】(UVW 贴图),设置贴图类型为长方体,参数设置为 1 000 mm×1 000 mm×1 000 mm,如图 5.608 所示。

图 5.608　设置 3 号 ID 子材质

6)编辑园桥材质

　　①使用同样的方法,设置园桥模型的 ID 编号,如图 5.609 所示。

图 5.609　设置园桥模型的 ID 编号

②设置 ID 编号为 1 的桥身材质,在其【Diffuse】(漫反射颜色)通道中添加一张石材位图,设置【Specular Level】(高光级别)和【Glossiness】(光泽度)参数分别为 12 和 25,单击 🔳 按钮,显示纹理,以【Instance】(实例)的方式复制贴图至【Bump】(凹凸)通道中,设置凹凸【Amount】(数量)为 50,添加【UVW Map】(UVW 贴图),设置贴图类型为长方体,参数设置为 1 000 mm×1 000 mm×1 000 mm,如图 5.610 所示。

图 5.610　设置 1 号 ID 子材质

③设置 ID 编号为 2 的子材质,在其【Diffuse】(漫反射颜色)通道中添加一张铺地位图,设置【Specular Level】(高光级别)和【Glossiness】(光泽度)参数分别为 14 和 12,单击 🔳 按钮,显示纹理,以【Instance】(实例)的方式复制贴图至【Bump】(凹凸)通道中,设置凹凸【Amount】(数量)为 30,添加【UVW Map】(UVW 贴图),设置贴图类型为长方体,参数设置为 1 000 mm×1 000 mm×1 000 mm,如图 5.611 所示。

图 5.611　设置 2 号 ID 子材质

④设置 ID 编号为 3 的子材质,在其【Diffuse】(漫反射颜色)通道中添加一张石材位图,设置【Specular Level】(高光级别)和【Glossiness】(光泽度)参数分别为 19 和 34,单击 🔳 按钮,显示纹理,以【Instance】(实例)的方式复制贴图至【Bump】(凹凸)通道中,设置凹凸【Amount】(数量)为 30,添加【UVW Map】(UVW 贴图),设置贴图类型为长方体,参数设置为 1 000 mm×1 000 mm×1 000 mm,如图 5.612 所示。

⑤使用同样的方法制作步道材质,如图 5.613 所示。

图 5.612　设置 3 号 ID 子材质　　　　　　　　图 5.613　步道材质

子任务 3　创建摄影机

①在顶视图中创建一个目标摄影机,如图 5.614 所示。

②将透视图转换为摄影机视图,在前视图中调整摄影机和目标点的高度,设置镜头参数,调整摄影机和目标点的位置,如图 5.615 所示。

③显示出安全框,渲染视图如图 5.616 所示。

图 5.614　创建摄影机　　　　图 5.615　调整摄影机　　　　图 5.616　渲染摄像机
　　　　　　　　　　　　　　　　　　　　　　　　　　　　　　　视图效果

子任务 4　渲染测试和灯光设置

1) 渲染测试

①按下【F10】快捷键,打开【Render Scene】(渲染场景)对话框,选择【Render】(渲染器)选项卡,进行渲染测试设置。

②打开【V-Ray::Global switches】(全局开关)卷展栏,取消【Default Lights】(默认灯光)、【Hidden Lights】(隐藏灯光)的勾选,勾选【Max depth】(最大深度)并设置为 1,如图 5.617 所示。

③打开【V-Ray::Image sampler (Antialiasing)】(图形采样)卷展栏,设置【Image sampler】(图像采样器)的【Type】(类型)为【Fixed】(固定),勾去【On】(开)选项,如图 5.618 所示。

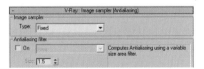

图 5.617　设置全局开关参数　　　　图 5.618　设置图像采样
　　　　　　　　　　　　　　　　　　　　　　　(反锯齿)参数

④打开【V-Ray：：Indirect illumination(GI)】(间接照明 GI)卷展栏,勾选【On】(开)前面的复选框,设置【Secondary bounces】(二次反弹)的【Multiplier】(倍增值)为 0.9、【GI engine】(全局光引擎)为【Light cache】(灯光缓存),如图 5.619 所示。

⑤打开【V-Ray：：Irradiance map】(发光贴图)卷展栏,设置【Current preset】(当前预置)为【Very Low】(非常低)、【HSph. subdivs】(半球细分)为 20、【Interp. samples】(插补采样)为 20,勾选【Show calc. phase】(显示计算状态)、【Show direct light】(显示直接光),如图 5.620 所示。

⑥打开【V-Ray：：Light cache】(灯光缓存)卷展栏,设置【Subdivs】(细分)为 100,如图 5.621所示。

图 5.619　设置间接照明(GI)参数　　图 5.620　设置发光贴图参数　　图 5.621　设置灯光缓存参数

⑦切换到顶视图,进入创建面板,在几何体面板中单击【Sphere】(球体)按钮,在顶视图中创建一个【Radius】(半径)为 8 800 mm 的球体,将球体转换为可编辑多边形,在前视图中删除球体的下半部分,使用缩放及移动工具调整球体形状,如图 5.622 所示。

图 5.622　制作球天模型

⑧打开材质编辑器,赋予球天一个空白的材质球,在【Diffuse】(漫反射颜色)通道中添加一张天空环境的位图,并在【Self-lllumination】(自发光)中的【Color】(颜色)设置为 100,并在修改面板中添加【Normal】(法线)和【UVW Map】(UVW 贴图)修改器,设置贴图类型为柱形,如图 5.623 所示。

⑨设置球天属性。选择球天模型,单击右键,在右键菜单中选择【Object Properties】(对象属性)命令,在弹出的对话框中,勾去【Visble to Camera】(对摄像机可见)、【Receive Shadows】(接收阴影)、【Cast Shadows】(投射阴影)。

⑩渲染摄影机视图,如图 5.624 所示。

图 5.623　制作球天材质　　　　　图 5.624　渲染摄像机视图效果

2)灯光设置

①在灯光创建面板中单击【Target Directional Light】(目标点平行光)按钮,在顶视图中

创建一盏目标平行光作为场景的主光源,调整灯光的位置。设置灯光参数依次为:勾选【On】(启用)阴影选项,并选择【VRayShadow】(VRay 阴影);设置灯光颜色为暖色系;灯光【Multiplier】(倍增值)为 0.9;设置【Hotspot/Beam】(聚光区/光束)为 237 024.82,【Falloff/Field】(衰减区/区域)为 269 221.0,如图 5.625 所示。

②渲染摄像机视图,渲染结果如图 5.626 所示。

图 5.625　主光源位置及灯光参数　　　　图 5.626　渲染摄像机视图效果

子任务5　渲染输出

①设置渲染光子参数:打开【V-Ray∷Global switches】(全局开关)卷展栏,勾选【Don't render final image】(不渲染最终的图像)选项,勾去【Max depth】(最大深度)选项,如图 5.627 所示。

②打开【V-Ray∷Image sampler(Antialiasing)】(图像采样)卷展栏,设置【Image sampler】(图像采样器)的【Type】(类型)为【Fixed】(固定),关闭【Antialiasing filter】(抗锯齿过滤器),如图 5.628 所示。

图 5.627　设置全局开关参数　　　　图 5.628　设置图像采集(反锯齿)参数

③打开【V-Ray∷Irradiance map】(发光贴图)卷展栏,分别设置各参数,并勾选【Auto save】(自动保存)选项,单击【Browse】(浏览)按钮,设置保存光子路径,勾选【Switch to saved map】(切换到保存的贴图)选项,如图 5.629 所示。

图 5.629　设置发光贴图参数

④打开【V-Ray::rQMC Sampler】（rQMC 采样器）卷展栏,设置参数如图 5.630 所示。

⑤打开【V-Ray::Light cache】（灯光缓存）卷展栏,设置【Subdivs】（细分）为 1 000,并勾选【Auto save】（自动保存）选项,单击【Browse】（浏览）按钮,设置保存光子路径,勾选【Switch to saved cache】（切换到保存的缓存文件）选项,如图 5.631 所示。

图 5.630　设置 rQMC 采样器采样器参数　　　图 5.631　设置灯光缓存参数

⑥打开【Common】（公用）选项卡,使用系统默认的【Output Size】（输出大小）为 640×480。

⑦渲染摄影机视图,渲染效果如图 5.632 所示。

⑧光子文件渲染完毕后,在【V-Ray:Global switches】（全局开关）卷展栏中勾去【Don't render final image】（不渲染最终的图像）选项。打开【V-Ray::Image sampler（Antialiasing）】（图像采样）卷展栏,设置参数,如图 5.633 所示。

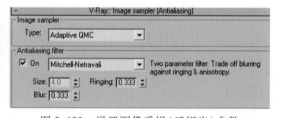

图 5.632　渲染摄像机视图效果　　　图 5.633　设置图像采样（反锯齿）参数

⑨由于在渲染光子时勾选了【Switch to saved map】（切换到保存的贴图）、【Switch to saved cache】（切换到保存的缓存义件）选项,系统会在渲染光子结束后,自动调用光了,如图 5.634 所示。

图 5.634　系统自动调用光子

⑩进入【Common】（公用）选项卡，单击【Files】（文件）按钮，设置保存路径，命名文件，设置保存类型为 TGA 格式，单击【保存】按钮，在弹出的对话框去勾去【Compress】（压缩）选项，单击【OK】按钮。

⑪设置【Output Size】（输出大小）参数为 2 500 × 1 875，如图 5.635 所示。

⑫渲染摄影机视图，效果如图 5.636 所示。命名为"湿地公园景观设计. max"。

⑬经过 Photoshop 后期制作后效果如 5.637 所示。

图 5.635　设置输出大小参数　　　图 5.636　渲染摄影机视图效果　　图 5.637　湿地公园景观最终效果

任务7　园林小区黄昏景观设计的操作技能

子任务 1　创建场景模型

1）制作地形和绿岛模型

①打开 3ds Max 软件，设置单位为 mm，激活顶视图，单击菜单【File】（文件）/【Import】（导入）命令，分别导入"本书素材/项目五/任务 7——园林小区黄昏景观制作/CAD/小区. dwg"和"地形. dwg"文件，并分别成组，命名为"小区"和"地形"。

②选择"地形"，单击 ✛ 命令，将其移入到"小区"中，将其冻结。使用【Line】（线）命令，在顶视图中将水面的区域绘制出来，如图 5.638 所示。

③激活【Segment】（线段）层级，点击修改面板中的【Divide】（细分）按钮 3 次，使线段中的点增加，然后选择所有的点，单击右键，在弹出的菜单栏中将所有点转换为角点，如图 5.639所示。

图 5.638　绘制水面区域　　　　　　　　　图 5.639　细分线段

④选择绘制好的样条线，单击右键，在弹出的对话框中将样条线转换为【Editable Poly】（可编辑多边形），如图 5.640 所示。

⑤使用【Line】（线）命令，绘制出驳岸的外轮廓，为了之后制作地形，复制一份驳岸样条线隐藏起来，如图 5.641 所示。

图 5.640　转换为可编辑多边形

⑥将组"地形"解冻,按照相差 1 000 mm 的高度,在前视图使用 ✛ 命令,分别沿 Z 轴向上移动,移动好后附加到之前绘制的驳岸样条线中,如图 5.642 所示。

图 5.641　绘制驳岸外轮廓

图 5.642　制作地形样条线

⑦为了之后制作缓坡地形,将南北两部分样条线各自进行分离,先制作左侧地形,选择左侧的样条线,点击创建面板下的复合对象卷展栏中的【Terrain】(地形)工具,生成地形,如图 5.643 所示。

⑧单击【Plane】(平面)命令,在顶视图中制作一个平面模型,尺寸超过刚刚制作出来的地形模型,其分段数为 50×50,放置在地形模型的正上方,如图 5.644 所示。

图 5.643　添加地形工具

图 5.644　制作平面模型

⑨选择平面模型,在复合对象卷展栏中,点击【Conform】(包裹)命令,在修改面板中,选择【Move】(移动)、【Along Vertex Normals】(沿顶点法线)、【Hide Wrap-To Object】(隐藏包裹物体),点击【Pick Wrap-To Object】(拾取包裹物体),在视图中点击下方的地形模型,结果如图 5.645 所示。

⑩将该物体转换为【Editable Poly】(可编辑多边形),激活【Vertex】(顶点)层级,选中上方的点,如图 5.646 所示。

图 5.645　添加包裹命令

图 5.646　选择点

⑪将选择的点,在前视图沿 Z 轴放置在如图 5.647 的位置上。

⑫近距离观察地形,发现其网格已从之前的三角形,变为四边形,其表面也变得很自然,如图 5.648 所示。

图 5.647　移动点到准确位置

⑬调出之前隐藏的驳岸轮廓线,再绘制一个比地形模型大的矩形,附加到一起,如图5.649所示。

图 5.648　观察网格分布　　　　图 5.649　绘制样条线

⑭添加【Extrude】(挤出)命令,挤出高度超过地形模型即可,如图 5.650 所示。

⑮选择紫色地形模型,查找创建几何体卷展栏下的复合对象,点击【Boolean】(布尔)命令,选择 A-B 模式,点击【Pick Operand B】(拾取 B 物体),点击棕色辅助物体,结果如图5.651所示。

图 5.650　添加挤出命令　　　　图 5.651　布尔运算后的效果

图 5.652　设置相对世界坐标 Z 轴高度

⑯将布尔运算后的物体转换为可编辑多边形,在移动工具上单击右键,在弹出的对话框中设置相对世界坐标 Z 轴的高度为 1 000,如图 5.652 所示。

⑰在修改面板中激活该物体的【Border】

（边界）层级，选择地形边界，按住【Shift】键，配合移动工具，向下拖拽鼠标，制作出地形的厚度，如图 5.653 所示。

⑱使用同样的方法，制作出南面地块模型以及水景区绿岛模型，如图 5.654 所示。

图 5.653　使用边界制作出厚度　　　　　　图 5.654　制作南面地块及绿岛模型

⑲使用【Line】（线）命令在顶视图中绘制亲水平台的外轮廓，并添加【Extrude】（挤出）命令，挤出【Amount】（数量）为 1 000，如图 5.655 所示。

⑳使用同样的方法制作出儿童游乐区平台模型，如图 5.656 所示。

图 5.655　亲水平台　　　　　　　图 5.656　制作儿童游乐区平台模型

2）制作回廊模型

①使用【Line】（线）命令在顶视图中按照 CAD 图形绘制回廊底座外轮廓，挤出 250，如图 5.657 所示。

②使用【Box】（长方体）命令，制作出廊柱，如图 5.658 所示。

图 5.657　回廊底座　　　　　　　图 5.658　廊柱

③沿着回廊两头绘制两根辅助线，在辅助线交汇处绘制一个矩形，将矩形顶点旋转至辅助线交叉点的位置，在状态栏中的参考坐标系中选择【pick】（自选），点击创建的矩形，廊柱的坐标系会附着在矩形上，如图 5.659 所示。

④使用设置的坐标系按照 CAD 图形的位置对廊柱进行旋转复制，如图 5.660 所示。

图 5.659　设置坐标系位置　　　　　　　图 5.660　旋转复制廊柱

⑤根据最后效果删减廊柱数量,如图 5.661 所示。

⑥制作廊柱座椅,如图 5.662 所示。

⑦复制底座至回廊顶部位置,修改挤出数值为 100,如图 5.663 所示。

⑧将制作好的回廊模型,放置在场景中合适的位置,如图 5.664 所示。

图 5.661 调整廊柱　　　图 5.662 制作座椅　　　图 5.663 制作顶部　　　图 5.664 放置模型
　　　数量　　　　　　　　　　　　　　　　　　　　　　模型

⑨使用同样的方法制作出直廊,如图 5.665 所示。

3)制作现代亭子模型

①按照 CAD 图形的标示绘制出样条线,挤出 50,在修改面板中勾去【Cap Start】(封顶)、【Cap End】(封底)的选择,得到的是一个面片,如图 5.666 所示。

图 5.665 制作直廊模型　　　　　　　　　图 5.666 添加挤出命令

②添加【Shell】(壳)命令,在修改面板中设置【Inner Amount】(内部数量)、【Outer Amount】(外部数量)均为 20,如图 5.667 所示。

③对之前的样条线进行分离复制,将分离复制出的样条线挤出 10,如图 5.668 所示。

图 5.667 添加壳命令　　　　　　　　　图 5.668 玻璃表面

④对这两个物体添加【FFD2×2×2】命令,移动控制点到合适的位置,如图 5.669 所示。

⑤进入 【Hierarchy】(层次)面板,点击【Affect Pivot Only】(仅影响轴心点),将坐标轴放置在 CAD 图形中四块物体交汇处,如图 5.670 所示。

图 5.669 调整控制点　　　　　　　　　图 5.670 调整物体坐标轴

⑥按照新设定的坐标系统进行旋转复制物体,如图5.671所示。

⑦使用同样的方法制作出亭子第二层模型,如图5.672所示。

图5.671　旋转复制物体

图5.672　亭子第二层模型

⑧使用【Circle】(圆)命令绘制柱子截面,添加【Extrude】(挤出)命令,制作出柱子,移动复制出其他三根柱子,放置在合适的位置,如图5.673所示。

⑨使用【Ngon】(多边形)命令,绘制出亭子底座,挤出400,如图5.674所示。

图5.673　制作柱子

图5.674　制作底座

⑩对底座的外轮廓样条线进行分离复制,设置分离复制出的样条线轮廓300,然后挤出100,如图5.675所示。

⑪观察发现围栏没有入口的地方。进入线段层级,进行删除,同时连接断开的点,如图5.676所示。

⑫将围栏进行复制,并制作支撑模型,如图5.677所示。

图5.675　添加挤出命令

图5.676　修改围栏模型

图5.677　支撑细节模型

⑬将制作好的亭子进行成组,命名为"亭子",放置在场景中合适的位置,如图5.678所示。

4)制作园桥模型

①按照CAD图形桥的尺寸,先在顶视图中绘制一矩形作为辅助物体,如图5.679所示。

图 5.678 亭子模型及其位置

图 5.679 辅助矩形

②使矩形进入孤立模式,切换至左视图,捕捉两个端点绘制圆弧,如图 5.680 所示。

③设置弧线轮廓为 100,挤出 2 000,生成桥面,如图5.681所示。

图 5.680 绘制圆弧

④使用分离复制的方法,制作出护板部件,如图 5.682 所示。

⑤对园桥模型进行成组,命名为"园桥",复制一个桥,将模型放置在合适的位置,如图 5.683 所示。

图 5.681 桥面

图 5.682 制作护板

图 5.683 园桥模型及其位置

5)制作四季盒模型

①按照 CAD 图形尺寸在顶视图中绘制样条线,挤出 2 800,如图 5.684 所示。

②制作辅助物体,确保穿过四季盒,如图 5.685 所示。

图 5.684 四季盒

图 5.685 制作辅助物体

③选择四季盒,查找创建几何体卷展栏下的复合对象,点击【Boolean】(布尔)命令,选择 A-B 模式,点击【Pick Operand B】(拾取 B 物体),点击紫色辅助物体,结果如图 5.686 所示。

④使用同样的布尔运算制作出其他 3 个四季盒,如图 5.687 所示。

图 5.686 布尔运算后的结果

图 5.687 其他 3 个四季盒

6）制作园路模型

①按照 CAD 图形使用【Line】（线）命令在顶视图中绘制出北面地块中园路的外轮廓，将其转换为可编辑多边形，如图 5.688 所示。

②将园路与北面地块单独显示，将园路放置在地块的正上方，将地块模型复制一份放置原处，如图 5.689 所示。

图 5.688　制作园路模型

图 5.689　单独显示地块及园路

③选择园路模型，在复合对象卷展栏中，点击【Conform】（包裹）命令，在修改面板中，选择【Move】（移动）、【Along Vertex Normals】（沿顶点法线）、【Hide Wrap-To Object】（隐藏包裹物体），点击【Pick Wrap-To Object】（拾取包裹物体），在视图中点击下方的地形模型，结果如图 5.690 所示。

④发现附着在地块上的园路，在末尾的地方有一处错误，将园路再次转换为可编辑多边形，选择【Vertex】（顶点）层级，将没有附着在地块上的两个点移动到地块上，如图 5.691 所示。

图 5.690　添加包裹命令

图 5.691　移动点

⑤选择【Polygon】（多边形）层级，单击右键，在弹出的对话框中选择【Extrude】（挤出）前面的按钮，设置挤出数量为 100，如图 5.692 所示。

图 5.692　添加挤压命令

⑥使用同样的方法制作出南面地块中的园路，如图 5.693 所示。

⑦在整体环境下，对各个模型的位置再做细节调整，场景模型最终效果如图 5.694 所示。

图 5.693　制作南面地块园路　　　　图 5.694　场景模型完成效果

子任务 2　材质编辑

1）编辑平台材质

①选择亲水平台模型，先使其进入孤立模式，按下 M 键，调出材质编辑器，找到一个空白材质球，将其赋予给亲水平台模型，并将该材质球更名为"平台"，选择"平台"材质球，在其【Diffuse】（漫反射颜色）通道中添加一张铺地位图，设置【Specular Level】（高光级别）和【Glossiness】（光泽度）参数分别为 22 和 17，单击 [图] 按钮，显示纹理，以【Instance】（实例）的方式复制贴图至【Bump】（凹凸）通道中，设置凹凸【Amount】（数量）为 50，添加【UVW Map】（UVW 贴图），设置贴图类型为长方体，参数设置为 2 000 mm×2 000 mm×2 000 mm，如图 5.695 所示。

图 5.695　制作亲水平台材质

②选择亲水平台中央圆形广场模型，先将其进入孤立模式，按下 M 键，调出材质编辑器，找到一个空白材质球，将其赋予给广场模型，并将该材质球更名为"广场"，选择"广场"材质球，在其【Diffuse】（漫反射颜色）通道中添加一张拼花位图，设置【Specular Level】（高光级别）和【Glossiness】（光泽度）参数分别为 22 和 17，单击 [图] 按钮，显示纹理，以【Instance】（实例）的方式复制贴图至【Bump】（凹凸）通道中，设置凹凸【Amount】（数量）为 50，添加【UVW Map】（UVW 贴图），设置贴图类型为平面，参数使用其默认值即可，如图 5.696 所示。

③使用同样方法制作出儿童区平台模型材质，如图 5.697 所示。

2）编辑地形材质

①选择南北 3 块地形模型，先使其进入孤立模式，按下 M 键，打开材质编辑器，找到一个空白材质球，将其赋予给地形，并将该材质球更名为"地形"。

②选择"地形"材质球，在其【Diffuse】（漫反射颜色）通道中添加一张草地位图，设置【Specular Level】（高光级别）和【Glossiness】（光泽度）参数分别为 22、17，单击 [图] 按钮，显示纹理，

图 5.696 　制作中央广场材质

图 5.697 　儿童游乐区平台材质制作

以【Instance】(实例)的方式复制贴图至【Bump】(凹凸)通道中,设置凹凸【Amount】(数量)为 80,添加【UVW Map】(UVW 贴图),设置贴图类型为长方体,参数设置为 5 000 mm × 5 000 mm × 5 000 mm,如图 5.698 所示。

图 5.698 　制作地形材质

3)编辑园路材质

①选择两条园路模型,先使其进入孤立模式,按下 M 键,打开材质编辑器,找到一个空白材质球,将其赋予给地形,并将该材质球更名为"园路"。

②选择"园路"材质球,在其【Diffuse】(漫反射颜色)通道中添加一张铺地位图,设置【Specular Level】(高光级别)和【Glossiness】(光泽度)参数分别为 29、24,单击 ■ 按钮,显示

纹理,以【Instance】(实例)的方式复制贴图至【Bump】(凹凸)通道中,设置凹凸【Amount】(数量)为70,添加【UVW Map】(UVW 贴图),设置贴图类型为长方体,参数设置为 500 mm ×500 mm ×500 mm,如图 5.699 所示。

图 5.699　制作园路材质

4)编辑廊材质

①选择回廊模型,先使其进入孤立模式,将组打开,按下 M 键,打开材质编辑器,找到一个空白材质球,将其赋予给回廊顶部模型,并将该材质球更名为“玻璃”。

②选择“玻璃”材质球,设置其【Diffuse】(漫反射颜色),设置【Specular Level】(高光级别)和【Glossiness】(光泽度)参数分别为88、39,单击▨按钮,显示背景色,如图 5.700 所示。

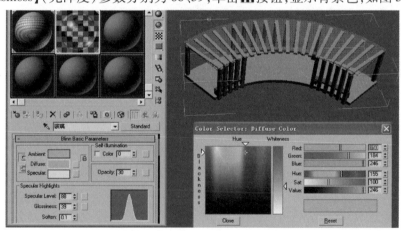

图 5.700　设置玻璃材质基本参数

③打开【Extended Parameters】(扩展参数)面板,设置为向内衰减,数值为50,同时设置过滤颜色,如图 5.701 所示。

④在【Reflection】(反射)材质通道中添加一张 VaryMap,数量设置为40,如图 5.702 所示。

⑤剩下的模型都属于木头材质,选择一个空白材质球,将其赋予给模型,并将该材质球更名为“木头”,选择“木头”材质球,在其【Diffuse】(漫反射颜色)通道中添加一张木纹位图,设置【Specular Level】(高光级别)和【Glossiness】(光泽度)参数分别为28、23,单击▨按钮,显示纹理,以【Instance】(实例)的方式复制贴图至【Bump】(凹凸)通道中,设置凹凸【Amount】(数量)为50,添加【UVW Map】(UVW 贴图),设置贴图类型为长方体,参数设置为1 000 mm ×1 000 mm ×1 000 mm,制作完回廊材质后,将组关闭,如图 5.703 所示。

图 5.701　设置玻璃材质扩展参数

图 5.702　设置玻璃材质通道

图 5.703　制作木头材质

⑥使用同样的方法制作出直廊的材质,如图 5.704 所示。

5)编辑现代亭子材质

其中,亭子的木头、玻璃、平台都是使用之前已经调整好的材质进行赋予,剩下的扶手材质将材质球的漫反射颜色设置为白色即可,如图 5.705 所示。

图 5.704　制作直廊材质

图 5.705　现代亭子材质

6）编辑四季盒材质

①单独显示四季盒,选择其中一个四季盒,在修改面板中点击【Attach】(附加)后面的▣按钮,在弹出的对话框中点击【All】(全部),再点击确认,将 4 个四季盒附加到一起。

②选择四季盒顶部多边形设置为 1 号 ID,剩下的多边形设置为 2 号 ID,如图 5.706 所示。

图 5.706　设置四季盒 ID 编号

③使用多维子材质赋予该模型,其中 ID 编号为 1 的顶部材质,设置其【Diffuse】(漫反射颜色),设置【Specular Level】(高光级别)和【Glossiness】(光泽度)参数分别为 13 和 18,如图 5.707 所示。

图 5.707　设置 1 号 ID 子材质

④设置 ID 编号为 2 的墙面材质,设置其【Diffuse】(漫反射颜色),如图 5.708 所示。

图 5.708　设置 1 号 ID 子材质

说明:为了避免在渲染时墙面出现大面积曝光,所以此处 2 号 ID 墙面材质没有设置高光级别和光泽度。

7)编辑园桥材质

①选择园桥模型,先使其进入孤立模式,将组打开,按下 M 键,打开材质编辑器,找到一个空白材质球,将其赋予给桥板,并将该材质球更名为"桥板"。

②选择"桥板"材质球,在其【Diffuse】(漫反射颜色)通道中添加一张防腐木位图,设置【Specular Level】(高光级别)和【Glossiness】(光泽度)参数分别为 19 和 27,单击 ▓ 按钮,显示纹理,以【Instance】(实例)的方式复制贴图至【Bump】(凹凸)通道中,设置凹凸【Amount】(数量)为 80,添加【UVW Map】(UVW 贴图),设置贴图类型为长方体,参数设置为 575 mm × 5 241 mm × 1 000 mm,剩下的挡板则是使用之前的木头材质,如图 5.709 所示。

8)编辑水面材质

由于水面要在后期制作中使用图片,所以在此只是将漫反射颜色设置为蓝色,作为示意,如图 5.710 所示。

图 5.709　制作园桥材质

图 5.710　水面材质

子任务 3　创建摄影机

①在顶视图中创建一个目标摄影机,如图 5.711 所示。

②将透视图转换为摄影机视图,在前视图中调整摄像机和目标点的高度,设置镜头参数,调整摄影机和目标点的位置,如图 5.712 所示。

③显示出安全框,渲染视图如图 5.713 所示。

图 5.711　创建摄影机

图 5.712　调整摄像机

图 5.713　渲染摄像机
视图效果

子任务4　渲染测试和灯光设置

1）渲染测试

①按下【F10】快捷键,打开【Render Scene】(渲染场景)对话框,选择【Render】(渲染器)选项卡,进行渲染测试设置。

②打开【V-Ray∶∶Global switches】(全局开关)卷展栏,取消【Default Lights】(默认灯光)、【Hidden Lights】(隐藏灯光)的勾选,勾选【Max depth】(最大深度)并设置为1,如图5.714所示。

③打开【V-Ray∶∶Image sampler（Antialiasing）】(图形采样)卷展栏,设置【Image sampler】(图像采样器)的【Type】(类型)为【Fixed】(固定),勾去【On】(开)选项,如图5.715所示。

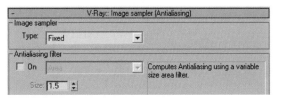

图5.714　设置全局开关参数　　　　　图5.715　设置图像采样(反锯齿)参数

④打开【V-Ray∶∶Indirect illumination(GI)】(间接照明 GI)卷展栏,勾选【On】(开)前面的复选框,设置【Secondary bounces】(二次反弹)的【Multiplier】(倍增值)为0.9、【GI engine】(全局光引擎)为【Light cache】(灯光缓存),如图5.716所示。

⑤打开【V-Ray∶∶Irradiance map】(发光贴图)卷展栏,设置【Current preset】(当前预置)为【Very Low】(非常低)、【HSph. subdivs】(半球细分)为20、【Interp. samples】(插补采样)为20,勾选【Show calc. phase】(显示计算状态)、【Show direct light】(显示直接光),如图5.717所示。

图5.716　设置间接照明(GI)参数　　　图5.717　设置发光贴图参数

⑥打开【V-Ray∶∶Light cache】(灯光缓存)卷展栏,设置【Subdivs】(细分)为100,如图5.718所示。

⑦在顶视图中创建一个【Radius】(半径)为8 800的球体,将球体转换为可编辑多边形,在前视图中删除球体的下半部分,使用缩放及移动工具调整球体形状,如图5.719所示。

图 5.718　设置灯光缓存参数

图 5.719　制作球天模型

⑧打开材质编辑器,赋予球天一个空白的材质球,在【Diffuse】(漫反射颜色)通道中添加一张天空环境的位图,并将【Self-lllumination】(自发光)中的【Color】(颜色)设置为100,在修改面板中添加【Normal】(法线)和【UVW Map】(UVW 贴图)修改器,贴图类型为柱形,如图5.720所示。

⑨选择球天模型,单击右键,在右键菜单中选择【Object Properties】(对象属性)命令,在弹出的对话框中,勾去【Visble to Camera】(对摄像机可见)、【Receive Shadows】(接收阴影)、【Cast Shadows】(投射阴影)。

⑩渲染摄影机视图,如图5.721 所示。

图 5.720　制作球天材质

图 5.721　渲染摄像机视图效果

2)灯光设置

①在顶视图中创建一盏目标平行光作为场景的主光源,并调整灯光的位置。设置灯光参数依次为:勾选【On】(启用)阴影选项,并选择【VRayShadow】(VRay 阴影);设置灯光颜色为暖色系;灯光【Multiplier】(倍增值)为 0.5;设置【Hotspot/Beam】(聚光区/光束)为 45 134.0,【Falloff/Field】(衰减区/区域)为 47 401.0,如图 5.722 所示。

②渲染摄影机视图,渲染结果如图 5.723 所示。

图 5.722　主光源位置及灯光参数

图 5.723　渲染摄像机视图效果

子任务5　渲染输出

①设置渲染光子参数:打开【V-Ray：：Global switches】(全局开关)卷展栏,勾选【Don't render final image】(不渲染最终的图像)选项,勾去【Max depth】(最大深度)选项,如图5.724所示。

②打开【V-Ray::Image sampler(Antialiasing)】(图像采样)卷展栏,设置【Image sampler】(图像采样器)【Type】(类型)为【Fixed】(固定),关闭【Antialiasing filter】(抗锯齿过滤器),如图 5.725 所示。

图 5.724　设置全局开关参数　　　　　图 5.725　设置图像采集(反锯齿)参数

③打开【V-Ray::Irradiance map】(发光贴图)卷展栏,分别设置各参数,并勾选【Auto save】(自动保存)选项,单击【Browse】(浏览)按钮,设置保存光子路径,勾选【Switch to saved map】(切换到保存的贴图)选项,如图 5.726 所示。

图 5.726　设置发光贴图参数

④打开【V-Ray::rQMC Sampler】(rQMC 采样器)卷展栏,设置参数,如图 5.727 所示。

⑤打开【V-Ray::Light cache】(灯光缓存)卷展栏,设置【Subdivs】(细分)为 1 000,并勾选【Auto save】(自动保存)选项,单击【Browse】

图 5.727　设置 rQMC 采样器参数

(浏览)按钮,设置保存光子路径,勾选【Switch to saved cache】(切换到保存的缓存文件)选项。

⑥打开【Common】(公用)选项卡,使用系统默认的【Output Size】(输出大小)为 640×480。

⑦渲染摄影机视图,渲染效果如图 5.728 所示。

⑧光子文件渲染完毕后,在【V-Ray::Global switches】(全局开关)卷展栏中勾去【Don't render final image】(不渲染最终的图像)选项。打开【V-Ray::Image sampler(Antialiasing)】(图像采样)卷展栏,设置参数,如图 5.729 所示。

⑨由于在渲染光子时勾选了【Switch to saved map】(切换到保存的贴图)、【Switch to saved cache】(切换到保存的缓存文件)选项,系统会在渲染光子结束后,自动调用光子。

⑩进入【Common】(公用)选项卡,单击【Files】(文件)按钮,设置保存路径,命名文件,设置保存类型为 TGA 格式,单击保存按钮,在弹出的对话框中勾去【Compress】(压缩),单击

【OK】按钮。

⑪设置【Output Size】(输出大小)参数为 2 500×1 875,如图 5.730 所示。

图 5.728　渲染摄影机视图效果　　图 5.729　设置图像采样(反锯齿)参数　　图 5.730　设置输出大小参数

⑫渲染摄影机视图,效果如图 5.731 所示。命名为"小区园林黄昏景观. max"。

⑬经过 Photoshop 后期制作后最终效果如图 5.732 所示。

图 5.731　摄影机视图渲染效果　　　　　　　图 5.732　小区园林黄昏景观最终效果

任务 8　办公楼建筑模型制作的操作技能

子任务 1　创建模型

1)创建墙体模型

①打开 3ds Max 软件,设置单位为 mm。

②在前视图中创建一个 19 800 mm×41 500 mm 的大矩形和一个 1 500 mm×2 300 mm 的小矩形,移动并配合捕捉命令,将小矩形的左下角与大矩形的左下角对齐,如图 5.733 所示。

③选择小矩形,将其先后向右移动 1 200,向上移动 1 150。在 ✛ 按钮上右击,将弹出的对话框右侧的 X 轴向参数改为 1 200;将 Y 轴向参数改为 1 150,如图 5.734 所示。

图 5.733　两个矩形的相对位置　　　　　　　图 5.734　移动小矩形

④选择小矩形，单击 按钮，在弹出的【Array】(阵列)对话框中设置参数，如图 5.735 所示。单击【OK】按钮，结果如图 5.736 所示。

　　　　图 5.735　设置阵列参数　　　　　　　　　　图 5.736　阵列复制结果

⑤同时选择 10 个小矩形，继续阵列，参数设置如图 5.737 所示。单击【OK】按钮，结果如图 5.738 所示。

　　　　图 5.737　设置阵列参数　　　　　　　　　　图 5.738　阵列复制结果

⑥将场景中所有的矩形附加到一起，挤出 240，命名为"南墙"。

⑦选择墙体复制一个，命名为"北墙"，然后将"北墙"隐藏，以备后用。

2)创建窗户模型

①在前视图中用捕捉方式绘制一个大小与窗洞相同的矩形，然后再绘制三个矩形作为窗洞，将 4 个矩形附加到一起后挤出 60，命名为"窗框"，如图 5.739 所示。

②在前视图中绘制一个与窗框大小相等的矩形，挤出 5，命名为"玻璃"，位置如图 5.740 所示。

　　　　图 5.739　绘制的窗框　　　　　　　　　　图 5.740　玻璃的位置

③同时选择"窗框"和"玻璃"，将它们成组，命名为"窗户"。然后通过捕捉功能，用复制方式将每一个空洞均复制一个窗户，结果如图 5.741 所示。

3）创建南立面模型

①在左视图中创建一个 50 mm×800 mm×39 200 mm 和一个 100 mm×800 mm×39 200 mm 的长方体，分别命名为"装饰板"和"阳台底板"，位置如图 5.742 所示。

②在前视图中创建一个 900 mm×39 200 mm 的辅助矩形，用它来限制阳台栏杆的位置，即阳台扶栏高度为 900 mm。辅助矩形的位置如图 5.743 所示。

③使用【Box】（长方体）命令将阳台及扶栏制作出来，删除辅助矩形，并复制到所有楼层，结果如图 5.744 所示。

图 5.741　窗户的位置

图 5.742　造型的位置

图 5.743　辅助矩形的位置

图 5.744　制作的阳台及扶栏

④在顶视图中绘制 11 个矩形（大小均为 800 mm×100 mm），将其挤出 10 350，命名为"阳台分隔墙"，位置如图 5.745 所示。

⑤使用【Line】（线）命令，在前视图中绘制一条闭合曲线，挤出 1 000，命名为"墙体外框"，位置如图 5.746 所示。至此，办公楼的南立面制作完成。

图 5.745　阳台分隔墙的位置

图 5.746　墙体外框的位置

4）创建办公楼其他部分模型

①在顶视图中绘制一个 24 500 mm×240 mm×19 900 mm 的长方体，命名为"侧墙"，位置如图 5.747 所示。

②绘制长方体，分别命名为"装饰砖墙"和"横板"，位置如图 5.748 所示。

图 5.747　侧墙的位置

图 5.748　装饰砖墙和横板的位置

③在顶视图绘制一个 24 500 mm×41 000 mm×370 mm 的长方体,命名为"房顶",位置如图 5.749 所示。

④绘制顶部阳台。使用【Box】(长方体)和【Line】(线)命令绘制顶部阳台和装饰杆,如图 5.750 所示。

图 5.749　房顶的位置

图 5.750　顶部阳台和装饰杆的形状和位置

⑤同时选择右侧立面的所有图形,按空格键,单击 按钮将它们锁定,在前视图中镜像复制一个,结果如图 5.751 所示。

图 5.751　镜像结果

⑥将前面隐藏了的"北墙"显示出来,打开门洞,合并进来一个双开门("本书素材/项目五/任务 8——办公楼建筑模型制作/合并线架/双开门.max"),进行适当缩放后放置在合适的位置;用【Box】(长方体)命令绘制台阶,放于门的下面;复制窗户、边框,放于适当的位置,从而完成北墙的整体制作,如图 5.752 所示。

图 5.752　北墙造型

图 5.753　地面的位置

⑦全部取消隐藏,再使用【Box】(长方体)命令,在顶视图中绘制一个 24 500 mm × 41 000 mm×370 mm 的长方体,命名为"地面",其位置如图 5.753 所示。绘制 6 个 21 000 mm×41 430 mm×10 mm 的长方体,命名为"楼板",将楼板复制 6 个,命名为"楼层地板",分别放于各楼层之间。至此,办公楼模型制作完毕。

子任务 2　编辑材质

1)编辑蓝乳胶漆材质

①按【F10】键,打开【Render Scene】(渲染场景)对话框,将 VRay 指定为当前渲染器。

②按【M】键,打开【Material Editor】(材质编辑器),选择一个新材质球,命名为"蓝乳胶漆",单击【Standard】(标准)按钮,设置材质类型为 VRayMtl 材质。

③在【Basic Parameters】(基本参数)卷展栏中,设置漫射颜色为蓝色(RGB 分别为 85、90 和 150),如图 5.754 所示。

④在场景中选择所有的"墙体"和"墙框",单击 按钮,将"蓝乳胶漆"材质赋予给它们。

2)编辑白乳胶漆材质

选择一个新的材质球,命名为"白乳胶漆",用同样的方法制作一个"白乳胶漆"材质,在场景中选择"房顶""装饰板""阳台底板""阳台分隔墙"和"装饰杆",单击 按钮,将"白乳胶漆"材质赋予给它们。

3)编辑玻璃材质

①选择一个新的材质球,命名为"玻璃",使用默认的【Standard】(标准)材质即可。在【Shader Basic Parameters】(明暗器基本参数)卷展栏中设置材质的明暗器为【Phong】(塑性),颜色调整为灰蓝色,调整一下高光,如图 5.755 所示。

图 5.754　参数设置

图 5.755　参数设置

图 5.756　玻璃材质渲染效果

②在【Maps】(贴图)卷展栏下的【Reflection】(反射)通道中添加一幅【VrayMap】(VR 贴图),反射数量设置为 45。

③在场景中选择"玻璃",单击 按钮,将"玻璃"材质赋予给它,渲染透视图如图 5.756 所示。

4)编辑楼板材质

①选择一个新的材质球,命名为"楼板", 按下【Standard】(标准)按钮,在打开的【Material/Map Browser】(材质/贴图浏览器)对话框中双击【Blend】(混合),系统弹出【Replace Material】(替换材质)提示框,选择【Keep old material as sub-material】(将旧材质保存为子材质)项后,单击【OK】按钮,如图 5.757 所示。

②在【Blend Basic Parameters】(混合基本参数)卷展栏下单击【Mask】(遮罩)右侧的【None】按钮,在弹出的【Material/Map Browser】(材质/贴图浏览器)对话框双击【Bitmap】(位图),选择"本书素材/任务 8——办公楼建筑模型制作/贴图/楼板灯.jpg"文件,单击【打开】按钮。

③单击 按钮,返回上一级,单击【Material1】(材质 1)右侧的按钮,将颜色调整为白色,再返回到上级面板,将【Material2】(材质 2)的颜色设置为白色,【Self-Illumination】(自发光)调整为 100,此时材质球效果如图 5.758 所示。

④在场景中选择"楼板",单击 按钮,将"楼板"材质赋予给它,渲染透视图,结果如图 5.759 所示。

图 5.757 提示框   图 5.758 材质效果   图 5.759 楼板材质效果

5)编辑砖墙等模型的材质

①选择一个新材质球,命名为"砖墙",单击【Standard】(标准)按钮,设置材质类型为 VRayMtl 材质。单击【Diffuse】(漫射)右侧的 按钮,在弹出的【Material/Map Browser】(材质/贴图浏览器)对话框中双击【Bitmap】(位图),选择"本书素材/任务 8——办公楼建筑模型制作/贴图/砖墙 02.jpg"文件,单击【打开】按钮。

将【Maps】(贴图)卷展栏下的【Diffuse】(漫射)通道的贴图复制到【Bump】(凹凸)通道中,设置凹凸数量为-50。

②在视图中选择楼体两侧的装饰墙,单击 按钮,将"砖墙"材质赋予给它们,对所赋予的造型选择【UVW Map】(UVW 贴图)命令,并设置各项参数,如图 5.760 所示。

③制作装饰砖墙材质后的效果如图 5.761 所示。

④和前面编辑"乳胶漆"材质的方法相同,编辑一种灰白色材质作为地面、阳台栏杆、两侧横板和台阶的材质;编辑一种浅蓝色的材质作为窗框材质,再为"楼层地板"编辑一个大理

石材质。渲染效果如图 5.762 所示。

至此,所有材质编辑完毕。

图 5.760　参数　　　图 5.761　砖墙材质　　　　图 5.762　编辑完材质的渲染效果
　　　　设置　　　　　　　效果

子任务 3　设置摄影机

①在顶视图中创建一个目标点摄影机,命名为"摄影机 01",并在视图中调整其位置,如图 5.763 所示。

②设置"摄影机 01"的【Lens】(镜头)为 35,激活透视图,按【C】键将透视图转换为摄影机视图,如图 5.764 所示。

图 5.763　摄影机 01 的位置　　　　　　图 5.764　转换为摄影机 01 视图

③选择摄影机 01,将其隐藏。

④在顶视图中再创建一个目标点摄影机,命名为"摄影机 02",并在视图中调整其位置,如图 5.765 所示。

⑤设置"摄影机 02"的【Lens】(镜头)为 35,激活透视图,按【C】键将透视图转换为摄影机视图,如图 5.766 所示。

图 5.765　摄影机 02 的位置　　　　　　图 5.766　转换为摄影机 02 视图

⑥选择摄影机 02,将其隐藏。

子任务 4　设置灯光

①在灯光创建命令面板中单击 ![icon]/【Target Direct】(目标平行光)按钮,在顶视图中创建

一盏"目标平行光",进入修改命令面板,修改参数,如图 5.767 所示。

②调整目标平行光的位置如图 5.768 所示。

图 5.767　参数设置

图 5.768　目标平行光的位置

子任务 5　渲染输出

①按数字键【8】,打开【Environment and Effects】(环境和效果)对话框,调整背景的颜色为淡蓝色。

②按【F10】键,在打开【RenderScene】(渲染场景)对话框中,选择【Renderer】(渲染器)选项卡,设置【V-Ray∷Global switches】(V-Ray∷全局开关)、【V-Ray∷Image sampler】(V-Ray∷图像采样)、【V-Ray∷Indirect illumination(GI)】[V-Ray∷间接照明(GI)]和【V-Ray∷Irradiance map】(V-Ray∷发光贴图)的参数,如图 5.769—图5.772所示。

图 5.769　全局开关参数设置

图 5.770　图像采样参数设置

图 5.771　间接照明参数设置

图 5.772　发光贴图参数设置

③在【V-Ray∷Environment】(V-Ray∷环境)卷展栏下,设置【GI Environment(skylight) override】(全局光环境(天光)覆盖)为开,如图 5.773 所示。

④单击【Render】(渲染)按钮,渲染开始,可以先将尺寸设置得小一些,320 mm×240 mm 即可,

图 5.773　启用天光

分别渲染摄影机 01 和摄影机 02 视图,渲染的效果如图5.774和图 5.775 所示。

观察感觉效果不错即可以设置最终的渲染参数。需要把灯光和渲染参数提高,以便得到更好的渲染效果。此场景不采用渲染小光子图而后再渲染大图的方法,直接渲染最终的

效果图。

图 5.774　摄影机 01 视图
渲染效果

图 5.775　摄影机 02 视图
渲染效果

图 5.776　参数
设置

⑤选择【Target Direct】(目标平行光)，修改【Vray Shadow Parameters】(VRay 阴影参数)卷展栏下的各项参数，如图 5.776 所示。

⑥重新设置，按【F10】键，在打开的【RenderScene】(渲染场景)对话框中，选择【Renderer】(渲染器)选项卡，修改【V-Ray::Irradiance map】(V-Ray:发光贴图)的参数，如图 5.777 所示。

⑦当各项参数都调整完成后，就可以渲染成图了，将输出的图纸尺寸设置为 2 000 mm × 1 500 mm，单击【Render】(渲染)按钮，渲染开始，最终结果如图 5.778 所示。命名为"办公楼建筑模型.max"。

图 5.777　发光贴图参数设置

图 5.778　最终两面的渲染效果

⑧为了方便 Photoshop 后期制作，在效果图对话框中单击 按钮，在弹出的【BrowseImages for Output】(浏览图像供输出)对话框中将文件保存为"办公楼建筑模型.tif"，并存储于 Alpha 通道。

 巩固训练

1.绘制如图 5.779—图 5.781 所示的三款建筑模型。

图 5.779　建筑模型

图 5.780　建筑模型

图 5.781　建筑模型

2.绘制如图 5.782 所示的亭子长廊模型。

3.参考图 5.783 和图 5.784，制作街道景观效果。

图 5.782　亭子长廊

图 5.783　街道景观效果

图 5.784　街道景观效果

4.参考图 5.785—图 5.788 所示的园林景观图形,制作三种园林小景观效果。

图 5.785　园林景观

图 5.786　园林景观

图 5.787　园林景观

图 5.788　园林景观

附录 3ds Max常用快捷键

P——透视图（Perspective）
F——前视图（Front）
T——顶视图（Top）
L——左视图（Left）
C——摄影机视图（Camera）
U——用户视图（User）
B——底视图（Back）
〔〕——视图的缩放
Alt + Z——缩放视图工具
Z——最大化显示全部视图，或所选物体
Ctrl + W——区域缩放
Ctrl + P——抓手工具，移动视图
Ctrl + R——视图旋转
Alt + W——单屏显示当前视图
Q——选择工具
W——移动工具
E——旋转工具
R——缩放工具
A——角度工具
S——顶点的捕捉
H——打开选择列表，按名称选择物体
M——材质编辑器
X——显示/隐藏坐标
"－、+"——缩小或扩大坐标
8——"环境与特效"对话框
9——"光能传递"对话框
G——隐藏或显示网格
O——物体移动时，以线框的形式
F3——"线框"/"光滑 + 高光"两种显示方式的转换
F4——显示边
空格键——选择锁定
Shift + Z——撤销视图操作
Shift + C——隐藏摄影机
Shift + L——隐藏灯光

参考文献

[1] 朱仁成,周安斌,等.3ds Max 5 室外建筑艺术与效果表现[M].北京:电子工业出版社,2003.

[2] 刑黎峰.园林计算机辅助设计教程[M].北京:机械工业出版社,2004.

[3] 姜勇,李长义.计算机辅助设计——AutoCAD2002[M].北京:人民邮电出版社,2004.

[4] 常会宁.园林计算机辅助设计[M].北京:高等教育出版社,2005.

[5] 王静.AutoCAD2006 3ds Max7 Photoshop CS 装饰设计效果图制作教程[M].北京:电子工业出版社,2005.

[6] 亓鑫辉,刘晓.3ds Max7 中文版火星课堂[M].北京:兵器工业出版社北京科海电子出版社,2005.

[7] 李绍勇.3ds Max8 范例导航[M].北京:清华大学出版社,2006.

[8] 冯嵩,黄志涛.3ds Max 三维造型入门与范例解析[M].北京:机械工业出版社,2006.

[9] 程鹏辉,贾甡燕,梁计峰.3ds Max8 造型与效果图实例指导教程[M].北京:机械工业出版社,2006.

[10] 杨雪果.3ds Max 高级程序贴图的艺术[M].北京:中国铁道出版社,2006.

[11] 车宇,夏小寒,王恺.3ds Max 效果图制作循序渐进 400 例[M].北京:清华大学出版社,2007.

[12] 朱仁成,于晓,等.3ds Max 9 + Photoshop CS2 室内效果图经典案例解析[M].北京:电子工业出版社,2007.

[13] 郑志刚,刘勇,何柏林.AutoCAD2006(中文版)实训教程[M].北京:北京理工大学出版社,2007.

[14] 周峰,王征.3ds Max 9 中文版基础与实践教程[M].北京:电子工业出版社,2008.

[15] 万志成.3ds Max 9 基础入门范例提高[M].北京:北京科海电子出版社,2008.

[16] 周初梅.园林建筑设计[M].北京:中国农业出版社,2009.

[17] 张朝阳,贾宁.3ds Max + Photoshop 园林景观效果图表现[M].北京:中国农业出版社,2009.